攀果

彭徐／编著

四川大学出版社
SICHUAN UNIVERSITY PRESS

图书在版编目（CIP）数据

攀果 / 彭徐编著 . -- 成都 ： 四川大学出版社，
2024.5
ISBN 978-7-5690-6886-3

Ⅰ . ①攀… Ⅱ . ①彭… Ⅲ . ①果树园艺－攀枝花市
Ⅳ . ① S66

中国国家版本馆 CIP 数据核字（2024）第 092050 号

书　　名：攀果
　　　　　Pan-guo
编　　者：彭　徐

选题策划：梁　胜
责任编辑：梁　胜
责任校对：孙滨蓉
装帧设计：墨创文化
责任印制：王　炜

出版发行：四川大学出版社有限责任公司
　　　　　地址：成都市一环路南一段 24 号（610065）
　　　　　电话：（028）85408311（发行部）、85400276（总编室）
　　　　　电子邮箱：scupress@vip.163.com
　　　　　网址：https://press.scu.edu.cn
印前制作：四川胜翔数码印务设计有限公司
印刷装订：四川盛图彩色印刷有限公司

成品尺寸：170 mm×240 mm
印　　张：13.5
字　　数：215 千字

版　　次：2024 年 7 月 第 1 版
印　　次：2024 年 7 月 第 1 次印刷
定　　价：88.00 元

本社图书如有印装质量问题，请联系发行部调换

扫码获取数字资源

四川大学出版社
微信公众号

前　言

　　攀枝花市处于长江上游的金沙江干热河谷地区，由于地理位置和地形、地貌、大气环流等条件特殊，在其河谷及周边盆地形成了一个我国独特的南亚热带"岛状"式立体气候区，包括干热河谷、干暖河谷、准亚热带气候区三个亚区。攀枝花年日照时长 2300～2700 小时、平均气温 19℃～21℃，无霜期 300 天以上，该地区几乎全年无冬，热量充足，年均气温高，光照充分，既有北方的光照，又有南方的热量，是四川唯一的亚热带水果生产基地。得益于独特的气候地理环境，攀枝花出产的水果生态有机、营养丰富、口感香郁且错季上市。以特色水果为牵引，攀枝花成功入选中国首批特色农产品优势区，被纳入国家现代农业示范区和全国立体农业示范点。

　　攀枝花以晚熟芒果为主，枇杷、释迦、莲雾、火龙果、百香果、红心果、牛油果、火参果、嘉宝果、神秘果等形成了四川独具优势的晚熟芒果产业带和特色水果生产区，其中，攀枝花晚熟芒果、早春枇杷属于全国地理标志农产品，形成了"攀果"的独特品牌，美名远播、畅销海内外。2021 年攀枝花市水果产业以"攀果"区域公用品牌正式发布，标志着攀枝花水果产业将全面进入标准化、品牌化、市场化、数字化的高质量发展阶段，意味着攀枝花将通过全方位的品牌建设、全流程的质量管控，使每一颗"攀果"都可溯源认证、都有身份标识、都有品质保障，真正让消费者买得放心、吃得健康，让攀枝花农业更具发展优势。

　　以彭徐教授为首的专家团队，依托川滇热区特色果蔬药创新研究平台，通过他们组建的四川省高校重点实验室——干热河谷特色生物资源开发实验室，进行多年的调查研究，引育与收集川滇干热河谷区特色水果资源，引育和栽培了杨桃、凤梨释迦、莲雾、澳洲坚果、番木瓜、辣木、印楝、

攀果 *PAN GUO*

小粒咖啡、百香果、雪莲果、矮木瓜、火参果、羊奶果、大青枣、小菠萝、米香蕉、红果参、燕窝果等典型南亚热带作物，开展适应性研究，均获得良好生长。以彭徐教授为首的专家团首次完整地建立了攀枝花特色水果种质资源库，形成了一套攀枝花南亚热带特色水果科普资料和成果。

《攀果》的编撰与组织实施由彭徐教授负责。《攀果》汇编、选图、定稿由彭徐负责，其资料的收集、整理、图片采集和分析由彭徐、郑毅、彭季月、谢涵、李梦立、刘旸洋等人完成。《攀果》前言和基础知识由彭徐编写；彭徐编写了柠檬、菠萝蜜、柑橘、小粒咖啡；郑毅编写了草莓、凤梨释迦、红果参、黄皮、火参果、甜羊奶果；尚远宏编写了米香蕉、雪桃、梨果仙人掌、鸡血李、八月瓜、布福娜；刁毅编写了桑葚、百香果、莲雾、葡萄、车厘子、杨桃、台湾凤梨；韦会平编写了芒果、刺梨；王胜男编写了石榴、番木瓜、番石榴、金菠萝、神秘果、西印度醋栗、香橼；韩洪波编写了枇杷、油桃、圣女果、雪莲果、洛神花；邓建梅编写了西瓜、牛油果、雪梨、余甘子、甜杏；刘姗编写了红心火龙果、山竹、杨梅、大青枣、无花果；巩元勇编写了樱桃、龙眼、冬枣、拐枣、猕猴桃；赵丽华编写了荔枝、柿子、蛋黄果、嘉宝果；张颖编写了美国山核桃、酸豆、核桃；闫飞编写了栗、澳洲坚果。《攀果》图片编绘主要由孙裁斌、安尊志、邹婧妍负责。

《攀果》是目前攀枝花南亚热带特色水果开发研究较完整较全面的科普著作，是攀枝花实施乡村振兴的基础性资料，对各级政府与部门的管理者、科技工作者、高校教师、农业推广者、新型农民都具有指导意义和参考价值。希望本书的出版能为攀枝花建成全国现代农业产业基地产生积极的推动作用，为把安宁河流域建成天府第二粮仓做出积极的贡献。

《攀果》一书的出版得到了攀枝花农业农村局、攀枝花科技局、攀枝花科协、攀枝花学院科技处、四川大学出版社等单位的大力支持和帮助。在此，表示衷心的感谢！由于我们水平有限，书中难免存在错误和不足，恳请专家和读者批评指正。

编 者

2023 年 10 月

金沙江大峡谷优特水果

品类目录（83种）

1. 贵妃芒

2. 椰香芒

3. 金煌芒

4. 爱文芒

5. 攀育芒（攀育2号）

6.吉禄芒

7.凯特芒

8.海顿芒果

攀果 *PAN GUO*

9. 枇杷

10. 石榴

11. 脐橙

12. 沃柑

13. 香水柠檬

14. 草莓

15. 桑椹

16. 奶桑

17. 长果桑

18. 甘蔗

19. 樱桃

20. 车厘子

21. 米香蕉

22. 红香蕉

23. 红心火龙果

24. 白心火龙果

25. 燕窝果

26. 荔枝

27. 桂圆

28. 油桃

29. 雪桃

30. 樱桃番茄（圣女果）

31. 甜瓜

32. 山竹

33. 杨梅

34. 鸡血李

35. 莲雾

48. 台湾凤梨

49. 番木瓜

50. 甜杏

51. 杨桃

52. 红果参

53. 无花果

54. 拐枣

55. 冬枣

56. 椰枣

57.蓝莓

58.八月瓜

59.布福娜

60. 雪莲果

61. 火参果

62. 洛神花（玫瑰茄）

63. 甜羊奶果

64. 猕猴桃

65. 梨果仙人掌

66. 山楂

67. 刺梨

68. 大青枣

攀果 *PAN GUO*

69. 蛋黄果

70. 嘉宝果

71. 黄皮

72. 神秘果

73. 香橼

74. 佛手

75. 西印度醋栗

76. 西瓜

77. 核桃

78. 澳洲坚果

79. 黑松子

80. 板栗

攀果 *PAN GUO*

81. 锥栗

82. 碧根果

83. 甜酸角（罗望子）

目　　录

第一章　"攀果"基础知识 / 001

一、攀果形成的地理气候机制 / 001

二、攀果形成的植物生理机制 / 006

三、攀果产出的季节与分布 / 007

四、果实的分类 / 010

五、攀果品牌 / 014

第二章　大宗水果品种 / 020

一、攀枝花芒果 / 020

二、米易枇杷 / 031

三、大田石榴 / 036

四、中坝草莓 / 040

五、盐边桑葚 / 048

六、盐边西瓜 / 054

七、米易樱桃 / 058

八、攀枝花米香蕉 / 063

九、红心火龙果 / 065

十、荔枝 / 070

十一、柠檬 / 072

十二、菠萝蜜 / 074

十三、柑橘 / 076

第三章　次要品种 / 077

一、攀枝花龙眼 / 077

二、务本油桃 / 079

三、攀枝花圣女果 / 081

四、攀枝花甜瓜 / 082

五、米易山竹 / 084

四、平地杨梅 / 086

五、攀枝花鸡血李 / 088

六、凤梨释迦 / 089

七、攀枝花牛油果 / 092

八、普威雪梨 / 094

九、余甘子（滇橄榄）/ 097

十、番木瓜098

十一、番石榴 / 100

十二、金菠萝 / 102

十三、百香果 / 103

十四、攀枝花莲雾 / 105

五、葡萄 / 107

十六、雪桃 / 109

十七、柿子 / 110

带走原有空气中的水分，在一些地区，山脉迎风坡降水充沛，而另一侧降水稀少形成雨影区，如图1-1所示。

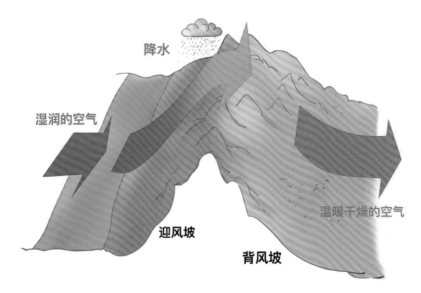

图1-1 焚风效应

一旦有焚风过境，气候变得火热而干燥。增温会让热带作物早熟，强大的焚风也可造成干旱和森林火灾。焚风是气流越过高山后下沉造成的，当一团空气从高空下沉到地面时，每下降1000米，感觉热变化时温度平均升高10℃，就是说：当空气从海拔4000～5000米的高山下降至地面时，温度会升高20℃以上，使凉爽的气候顿时热起来。

在横断山区的"焚风效应"是指横断山区的山脉走向，大体上垂直于西南季风或者东南季风，山脉迎风坡截留较多的雨水，背风坡少雨，风在背风坡的下沉还具有增温效应，致使河谷干旱。

第二是"山谷风谷地环流效应"。

一种是近地面风由谷底吹向山坡，称为谷风，如图1-2所示。

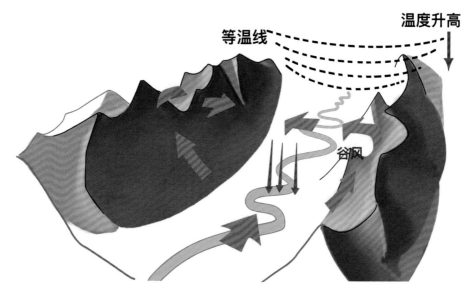

图 1-2　山谷风谷地环流效应

另一种是到了夜间，近地面风由山坡吹向谷地，称为山风，如图 1-3 所示。

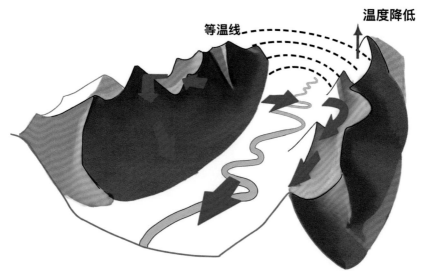

图 1-3　山谷风谷地环流效应

"山谷风"垂直厚度大，并有一定范围的局地昼夜环流系统，其规模与谷地形态、位置有关。白天，山坡接受太阳光热较多，空气增温较多；而与山顶相同高度的山谷上空因离地较远，空气增温较少。由于山坡上的暖空气不断膨胀上升，在山顶的近地面形成低压，并在山谷的上空从山坡流向谷地上空积聚，谷地上空空气受重力影响收缩下沉，

在谷底近地面形成高压，下沉气流形成干热的环境。在干热河谷，我们经常可看到两侧山腰出现一条云带，这其实是谷风气流上升而形成的。

谷地环流又是另一种情况。白天，山坡表面因受日照，附近气温很快升高，而山谷底部气温较低，因此形成了自下而上的局部环流。此时，位于山坡上的烟囱所排出的烟气便能向上扩散开去。夜晚，山坡表面通过 >辐射和对流的大量散热，温度下降很快，坡面附近气温变得比谷底气温低，因此形成了自上而下的局部环流，把污染物压在谷底扩散不开。有不少的严重大气污染事件都是由这种情况造成的。

我国的干热河谷主要分布在横断山区金沙江、怒江、澜沧江、雅砻江、岷江和安宁河等干流及其支流河谷的部分地段，垂直高度 200 ～ 1000 米，总长 4105 千米。横断山区的山脉走向，大体上均垂直于西南季风或东南季风，气流经过山脉时，沿迎风坡上升冷却，发生降水。过山后，空气沿背风坡下沉，温度升高，湿度也显著减少，致使河谷地区产生干旱现象。干热河谷独特的生态气候，使得攀枝花位于亚热带地区，能盛产热带水果。目前，攀枝花市热带水果种植面积达到了 70 万亩，以芒果为主，其他种植面积大的有樱桃 4 万亩，枇杷 3.2 万亩，石榴 1.2 万亩。

干热河谷是指被四周较湿润类型所包围的河谷底部较干旱部分，它们与周边地区湿润、半湿润区景观形成显著的差异。对干热河谷的形成有多种解释，其中焚风效应从气象学原理出发较易为人们所接受。横断山区的山脉走向，大体上均垂直于西南季风或东南季风，气流经过山脉时，沿迎风坡上升冷却，发生降水。过山后，空气沿背风坡下沉，温度升高，湿度也显著减少，致使河谷地区产生干旱现象。愈向内陆，这种河谷干旱现象愈明显。

干热河谷在全球统一划分的三大类干旱地区中，既不属于大陆中心荒漠，也不是副热带稀疏草原，而是属于局部的干旱生境。专家对金沙江干热河谷的植物区系成分的多样性进行研究后发现，这里虽然气候干燥，对

植物的正常生长不利，但河谷所具有的充沛光、热条件却为许多热带、亚热带植物的生长提供了条件。其中包括国家一级保护植物攀枝花苏铁，这种我国特有的古老残遗种将苏铁属植物分布的北界推移到北纬27度，而凤凰木、缅桂、仙人掌等热带植物在河谷内也随处可见。

二、攀果形成的植物生理机制

1. 攀枝花独特的气候条件有利于芒果的开花结果、营养积累和糖分转化

四川省攀枝花市的安宁河、金沙江沿岸，年均温一般在21℃左右，这一温度值甚至与地处热带北缘的云南省西双版纳傣族自治州景洪市(21.9℃)相当；而≥10℃的年有效积温6000℃～7700℃，也与景洪的有效积累7978.1℃相当。攀枝花独特的气候条件有利于芒果的开花结果。冬季干燥少雨有利于花芽分化；开花期无低温阴雨、干旱晴朗，有利于授粉坐果；果实生长期日照充足，热量丰富；昼夜温差大，有利于果实生长发育中营养物质的积累、糖分的转化。攀枝花芒果的甜度高，甜度指数（即每100克水果中含糖量的百分比）为17%，最高可达19%，而其他地区的芒果甜度一般为12%～15%，攀枝花的芒果为什么这么甜？土肥技术专家分析："攀枝花芒果花期无梅雨，果期无台风，光照强热量足，昼夜温差大，果实在淀粉的积累和糖分的转化上很充分，所以长出的果子不仅漂亮，甜度也高。"要让水果长得甜，必须具备两个条件。其一，水果必须制造大量的有机物以聚糖；其二，要让水果中的酸代谢分解。而金沙江干热河谷所独有的干旱少雨、日照时间长、热量充足等自然条件，非常有利于果实中淀粉的聚积和糖分的转化，而高温又有利于瓜果中酸的代谢分解，从而降低酸度增加甜度。正因为此，以攀枝花市为中心的金沙江干热河谷，是四川省唯一能种植芒果的地区，也是我国少数几个芒果、龙眼等南亚热带水果的重要产区。同时，这里还是中国乃至全球纬度最北、海拔最高的芒果生产基地。如今，莲雾、火龙果、凤梨释迦等热带水果在河谷均可出产。

2. 攀果具有"纬度最北、海拔最高、成熟最晚"三大特点

攀枝花虽然地处亚热带，却与海南、广西南部地区一样，适合热带水

果生长。作为中国三大芒果产区之一，相比于另外两大产区——海南三亚、广西百色，攀枝花热带水果具有"纬度最北、海拔最高、成熟最晚"三大特点。中国三大芒果产区中，攀枝花纬度最高，位于北纬26°附近，地处西南内陆，远离海洋；海南三亚位于北纬18°，广西百色在北纬22°附近，后两者濒临海洋，且是我国传统的芒果产区。攀枝花市域最高海拔近4200米，最低海拔940米左右。攀枝花市农林专家介绍："攀枝花芒果主要种植在海拔1500米以下的河谷地带，海拔1500米以上种植的是一些亚热带、温带水果，各有各的分布区域。"攀枝花市山高谷深、盆地交错分布，地势由西北向东南倾斜，山脉走向近于南北，是大雪山的南延部分。这里的地貌类型复杂多样，可分为平坝、台地、高丘陵、低中山、中山和山原等6类，以低中山和中山为主。山地的坡度带来了良好的通风透光条件，利于芒果吸收光热，促进授粉坐果，结出的芒果甜、大、鲜。与攀枝花不同，海南和广西南部位于热带地区，但是因为海拔较低、地势平，芒果的果树吸收光热不如山地，果实的甜度会受到一定影响。

攀枝花是中国典型的晚熟芒果产区。芒果一般在8月下旬至9下旬开摘，有些还可以延迟到10月收获；最晚成熟的是攀枝花仁和区大黑山务本的芒果，要到11—12月才下树。由于芒果在树上的时间长，得到了持久的阳光照射，糖分在果内酝酿充分，成熟的芒果香甜可口，深受市场青睐。攀枝花市农林科学研究院专家说："由于攀枝花芒果晚熟，获得了时间错位优势，与其他产区没有形成竞争关系，所以在秋冬市场上，攀枝花芒果一枝独秀。"

三、攀果产出的季节与分布

首先，攀枝花目前主要栽培和引种栽培的水果种类统计如下：

春季：

（1）米易早春枇杷	（2）务本油桃	（3）盐边桑椹
（4）米易樱桃	（5）中坝草莓	（6）米香蕉
（7）圣女果		

夏季：

（8）盐边西瓜	（9）香（甜）瓜	（10）山竹
（11）甜杏	（12）平地杨梅	（13）鸡血李

（14）杨桃　　　　（15）莲雾　　　　（16）菠萝蜜

（17）火龙果　　　（18）桂圆　　　　（19）荔枝

（20）葡萄　　　　（21）早中熟芒果（贵妃、椰香、金煌等品种）

（22）车厘子　　　（23）红果参

秋季：

（24）晚熟芒果（凯特等品种）　　　　（25）雪桃

（26）红格脐橙　　（27）大田石榴　　（28）牛油果

（29）甜（脆）柿　（30）拐枣　　　　（31）凤梨释迦

（32）雪梨（金花梨、火把梨）　　　　（33）余甘子

（34）安国冬枣　　（35）百香果

（36）红心果（番石榴）（37）蓝莓　　（38）金菠萝

冬季：

（39）盐源苹果　　（40）米易甘蔗　　（41）番木

（42）雪莲果　　　（43）大青枣　　　（44）火参果

（45）刺梨　　　　（46）山楂　　　　（47）猕猴桃

（48）梨果仙人掌

坚果（干果）：

（49）澳洲坚果　　（50）碧根果　　　（51）核桃

（52）松子

其次，主要水果季节与分布。

（1）草莓 12 月—次年 3 月。

产地：仁和区中坝乡、米易县。

草莓这种水果，不论外形和味道仅仅是看着它鲜嫩欲滴的颜色就让人特别喜欢。

（2）纽荷尔脐橙 10 月—次年 1 月。

产地：盐边县益民乡。

纽荷尔脐橙是盐边县特色水果，2010 年获国家农产品地理标志保护产品。盐边县益民乡是纽荷尔脐橙主产区之一。

纽荷尔脐橙，个大皮薄，果皮光滑、果肉细嫩多汁、果汁酸甜适口，风味浓郁，营养健康。

（3）枇杷 11 月—次年 4 月。

产地：盐边县、米易县。

攀枝花是一个全年无寒冬，被称作内陆"海南岛"的城市，海拔 2200 米、平均气温 22℃、日晒长达 8 小时，足足晒满了 300 天，才产出了最美味的早春枇杷！被阳光喂足的攀枝花早春枇杷就是跟普通枇杷不一样，普通枇杷会有很多碰伤而且很小，但是它个头大圆润光滑且很少有碰伤，颜值和口感都完美取胜。

（4）樱桃 4 月—5 月。

产地：仁和区务本乡、平地乡、啊喇乡、中坝乡，米易县黄草乡、普威龙滩村、普威独树村等。

樱桃含铁量非常高，别看个头小小，只要放进嘴里轻轻一抿，一点微酸，一点浓甜，一点清香，徜徉流连于唇间。

（5）桑葚 3 月—5 月。

产地：仁和区务本乡、盐边县高坪乡、渔门镇、永兴镇、惠民镇等地。

桑葚含有 19 种氨基酸和丰富的矿物质，营养丰富，既是水果，也可以药用，含有多种功能成分，如多酚、白藜芦醇等，是一种较好的农产品资源，为加工桑葚果汁、桑葚酒、桑葚果醋桑葚红茶等的良好原料。

（6）葡萄 5 月—8 月。

产地：米易撒莲镇、仁和区平地镇等地。

汁多肉厚，富含果糖，日照充足，攀枝花的葡萄格外甜，犹如初恋的味道。

（7）杨梅 5 月—7 月。

产地：仁和区拉鲊村小海子组等地。

炎炎的烈日和灼人的天气，吃上一颗红彤彤的杨梅果让浓浓的梅香在舌尖释放酸甜沁人心脾。

（8）芒果 7 月—12 月。

产地：攀枝花各地均有种植。

攀枝花芒果静静地享受着大山里清新的空气和北纬 26° 的阳光，直至光照满 2700 小时才被采摘下来，比一般芒果的光照时间长了整整一个季度。浸泡在阳光下自然成长的芒果甜度一般为 17%，而其他地区的芒果甜度一般为 12%～15%。攀枝花芒果皮薄、肉厚，果香，细嫩多汁，味道鲜美，蜜甜清香，甜而不腻，营养丰富，是果中珍品。

（9）桂圆 8 月—9 月。

产地：攀枝花各地均有种植。

攀枝花桂圆，肉厚核小，由于光照丰富，香甜尤甚，食之更有木质清香。品质优于泰国进口桂圆。

（10）石榴 8 月—10 月。

产地：仁和区大田镇。

大田石榴一个个又大又圆、色泽鲜艳，个个让人垂涎欲滴！掰开一个，饱满的红色颗粒让人充满喜悦。在阳光的照射下，它就像闪耀的红宝石，巧夺天工，让人惊艳。

四、果实的分类

（1）根据是否由子房以外的结构参与果实的形成，将果实分为真果和假果，如图 1-4 所示。

真果：仅由子房发育而来，包括多种果实，如桃、杏等。

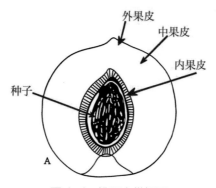

图 1-4　桃果实纵切图

假果：子房以外的其他结构，如花托、花被或花序轴也参与了果实的形成，如苹果、梨、瓜类、菠萝等，如图 1-5 所示。

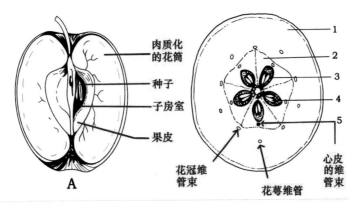

图1-5 苹果的纵切与横切图

（2）根据花中雌蕊的数目，可分为：单果、聚花果、聚合果。

◆ 花中仅有一枚雌蕊的，无论花的雌蕊是单心皮雌蕊还是多心皮雌蕊合生，所形成的果实均为单果。

◆ 花中有多枚离生雌蕊的，一朵花内有多枚小果聚合而成，称为聚合果。如草莓、牡丹、八角等。

◆ 有些植物整个花序一同发育形成果实，称为聚花果，也称复果。如菠萝、桑葚、无花果等。

①肉果：果皮肉质、多汁液，如图1-6所示。

浆果：如番茄、葡萄等。　　　　　　　瓠（hù）果：如黄瓜。

核果：如桃、杏。　　　　　　　　　　柑果：如橘子。

梨果：如苹果、梨等。

②干果：成熟时，果皮干燥，开裂或不开裂的果实，如图1-7、1-8所示。

荚果：如大豆、花生等。　　　　　　　角果：如油菜、白菜等。

蒴果：如棉花、芝麻等。　　　　　　　蓇葖（gū tū）：如八角等。

瘦果：如向日葵等。　　　　　　　　　坚果：如板栗等。

颖果：如玉米、小麦等。

③聚合果：如草莓、蛇莓等，如图1-9所示。

④聚花果：如桑葚、凤梨等。

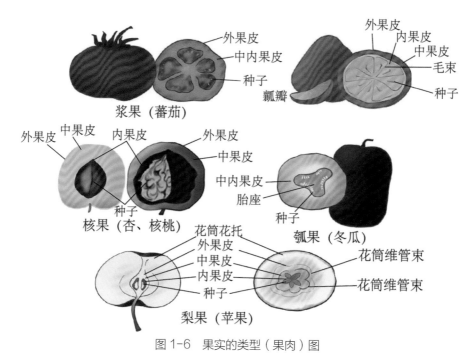

图 1-6　果实的类型（果肉）图

干果

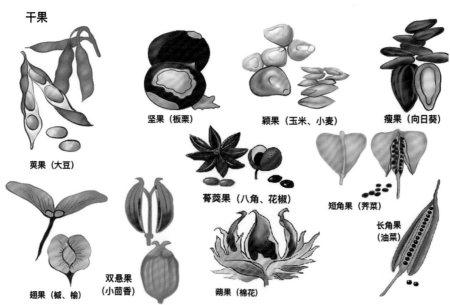

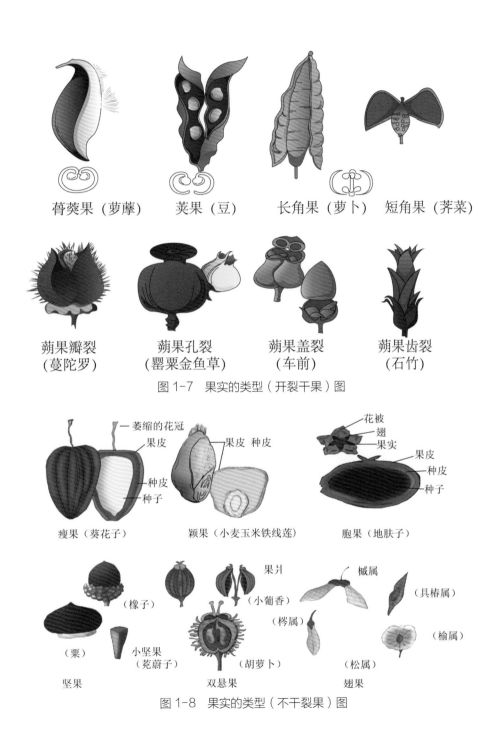

蓇葖果（萝藦） 荚果（豆） 长角果（萝卜） 短角果（荠菜）

蒴果瓣裂
（蔓陀罗）

蒴果孔裂
（罂粟金鱼草）

蒴果盖裂
（车前）

蒴果齿裂
（石竹）

图 1-7 果实的类型（开裂干果）图

瘦果（葵花子） 颖果（小麦玉米铁线莲） 胞果（地肤子）

坚果 双悬果 翅果

图 1-8 果实的类型（不干裂果）图

聚合浆果(五味子)　　聚合瘦果（草莓）　　聚合瘦果(蔷薇果)

蓇葖果　　　　　　　　　　　　　　坚果(莲子)

（八角茴香）　（芍药）　　　（悬钩子）　　　　（莲蓬）

　　　　　　　　　　　　　　　　　（核果）

聚合蓇葖果　　　　　聚合核果　　　聚合坚果

图 1-9　果实的类型（聚合果）图

五、攀果品牌

　　"攀果"品牌是攀枝花特色水果高质量发展的重要标志。"攀果"产业高质量发展，坚持"政府引导、企业主体、市场理念"为基本原则，按照育种、生产、加工、物流、营销等全产业链发展理念，加强标准化建设和溯源管理，促进"'攀果'品牌＋企业品牌＋产品品牌"协同发展，提高"攀果"品牌市场竞争力，推动"攀果"产业提质增效，助力乡村全面振兴和农民农村共同富裕。强化"攀果"品牌建设,加强品牌的授权使用管理，让每一颗果子都有"攀果"身份。"攀果"品牌建设实际上是一项系统工程、民生工程、共富工程。需要完成以下工作任务。

攀枝花市芒相伴·芒果公仔:

荣获"2018四川十大旅游文化创意品"称号

四川省旅游发展委员会
二〇一八年八月

第一、开展"攀果"选育推广。调优现有芒果品种结构，以晚熟、优质、丰产、高抗为育种目标，强化与科研院所企业合作，着力开展"攀果"新品种选育与推广。授权通过"攀果"标准化生产基地认证的企业、合作社、种植大户推广新品种，有计划地开展芒果品种迭代，推广新品种达到2000亩以上，确保"攀果"始终引领金沙江流域内芒果产业高质量可持续发展。加大新品种保护力度，切实维护育种者权益。

第二、提升"攀果"加工能力。依托科研院所和农产品加工企业，开展农产品精深加工技术研究。提升特色水果产地初加工能力，加强采后商品化处理，重点开展以采后预冷、分级、保鲜、包装等为重点的项目建设，实现全市"攀果"初级加工率80%以上。提升"攀果"精深加工能力，支持现有农业加工企业做大做强，在农业企业办证过程中给予绿色通道、特事特办；招引更多果蔬深加工关联企业落户攀枝花，吸引周边地区原材料要素向农业产业园区集聚，大力发展果干、冻干、果汁、蜜饯、果酒、果酱等农产品精深加工，实现"攀果"加工产业产值达到30亿元以上。

第三、建立"攀果"寄递物流专线。完善特色水果寄递机制，建立健全一条"攀果"寄递物流专线。加强与寄递企业合作，通过直采、直销等方式，推广在中心城市建立"攀果"前置寄递物流仓，采用"产地直发+前置仓调拨"

的新型寄递模式，构建"攀果"高质量、高速度、低成本的流通体系，实现"24小时成都、36小时重庆、48小时北上广"的"攀果"速度。

第四、完善"攀果"质量标准。积极推动"三品一标"工作，更高层次、更深领域推进"攀果"绿色发展。在现有攀枝花芒果系列标准基础上，由"攀果"产业发展联盟申请成立社会团体制定满足市场需求的生产、仓储、分级团体标准，构建从生产端到消费端的质量分级标准，力争标准覆盖社会团体内所有生产基地和销售企业。通过标准的实施，形成大小均匀、品质稳定的分级产品，实现优果优价。鼓励引导授权使用"攀果"品牌的主体使用"攀果"产品质量追溯体系，提升产品辨识度和质量保障水平。

第五、建成"攀果"数据中心。在现有"陌农帮"信息平台的基础上，建成一个"攀果"大数据中心，不断提升大数据服务能力，构建从生产端到消费端的"攀果"质量全链追溯系统，推动"攀果"产业链各环节数字化。开展检验检测、产品认证、产品溯源，实现源头可追溯、流向可跟踪、信息可查询、责任可追究。

第六、加快"攀果"市场营销。加大宣传力度，鼓励企业参加各种展会、展销、订货会等线上线下市场推广活动，构建一个立体多元的市场推广体系。支持企业推进"攀果"入驻全国著名超市、水果连锁企业，在国内一级批发市场或大中城市等设立专柜、专卖店，支持企业在阿里巴巴、京东、抖音、快手、拼多多等线上平台开设官方品牌专营店。规范"攀果"商品名称和质量等级，结合攀枝花市独特的自然、人文等因素，策划符合地方特色和市场大众的"攀果"系列商品名称。建立覆盖国际国内的稳定市场渠道，发挥"攀果"产业发展联盟的"统一品牌、统一标准、统一作业、统一储运、统一销售"优势，实现"攀果"销售额10亿元以上。

第七、健全"攀果"服务体系。完善科技服务体系，依托高校、科研院所，在有关县（区）分别组建2至3支"攀果"专家团队，开展"攀果"生产技术服务推广和培训工作；探索完善职业经理人制度，培养更多爱农业、靠得住、肯带农民致富、群众认可的新型职业农民。建立"攀果"生产综合服务体系，以设"攀果"生产标准化基地为目标，发挥"攀果"产业发展联盟成员单位作用，在农资、果袋、包装及喷灌设施、采果设施、无人机喷药、冷链仓储等方面，通过"带量集采"实现生产资料降本增效。加强"攀果"金融服务，利用乡村振兴贷、果蔬贷、助农贷等金融产品，为"攀果"

备货、储货、销售等活动提供信贷金融服务，推出种植险、品质险、价格指数险等专属险种，解决"攀果"全产业链的后顾之忧。

第八、强化"攀果"品牌建设。2021年9月，在第十八届西博会上，攀枝花市在成都举行"攀果"战略合作暨品牌发布会，发布全市首个农产品区域公用品牌——"攀果"。为推动"攀果"品牌建设，攀枝花以果为媒，提升城市知名度和影响力。"攀果"品牌建设要体现核心价值，要实现产业链和供应链自主可控，要有科技与文化赋能"。"攀果"区域公用品牌的正式发布，标志着攀枝花水果产业全面进入标准化、品牌化、市场化、数字化的高质量发展阶段，意味着我们将通过全方位品牌建设、全流程质量管控，使每一颗凝结着果农辛勤汗水的"攀果"都可溯源认证、都有身份标识、都有品质保障，真正让消费者买得放心、吃得健康，让攀枝花农业更加高质高效、乡村更加宜居宜业、农民更加富裕富足。

加强"攀果"区域公共品牌的授权使用管理，对符合授权使用条件且提出申请的企业、合作社、种植大户应授尽授。与中国热带作物学会合作，在攀枝花举办全国性芒果产业高质量发展会议。支持县（区）、企业、"攀果"产业发展联盟单位等高质量、高规格办好"攀果"品牌宣传推介活动；在火车站、机场、游客接待中心、旅游景点、大型超市等推广"攀果"LOGO、文创产品等，让每一颗果子都有"攀果"身份，提升品牌知名度。整合全市自媒体资源，通过网络达人和乡土人才的自发宣传，用有限的资源发挥最大的宣传推介效应。规范"电商"市场营销行为，营造稳定的"攀果"品牌市场环境，持续开展"攀果"品牌市场净化专项工作，严厉打击盗用

冒用、"悲情、哭惨、卖惨"等损害"攀果"品牌形象的各类违法行为。以特色水果为牵引，攀枝花已成功入选中国首批特色农产品优势区，被纳入国家现代农业示范区和全国立体农业示范点。

第九、打造"攀果"共富体。推进农业供给侧结构性改革，在现有"攀果"产业发展联盟基础上，以龙头企业为引领、农民合作社为纽带、家庭农场为基础，进一步完善联盟章程，完善利益联结机制，通过"公司＋农民合作社＋家庭农场"组织模式，吸收更多农业企业、农民合作社、家庭农场等水果生产、经营主体加入"攀果"产业发展联盟，联盟单位超过60家，共同打造"攀果"共富联合体，增强联盟引领产业发展、带动农民共富能力。

第十、加强"攀果"安全监管。建立健全从"果园"到"果盘"全流程监管体系，督导种植者严格农业投入品的使用，严格落实质量安全标准，加强质量安全管理，确保"攀果"品质和食品安全。加强"攀果"在进入市场销售和生产加工前、后的监管，共同建立健全强化产地准出和市场准入衔接机制。

总之，攀枝花气候独特和环境优质，"攀果"品类丰富、营养价值高、口感香郁，与同类水果错季发展，点赞率高，口碑极佳。一年四季皆有"攀果"，特别是早春枇杷、晚熟芒果畅销海内外，实现了"攀果"香飘，甜蜜花城，成为"甜蜜的事业，共富的示范点"。为支撑"攀果"品牌打造，我们建立了一套完善的"线上、线下"产供销全产业链服务体系，实现从种植到采摘、分拣、仓储、物流、配送全生命周期的数字化、科技化、标准化管理，确保为每一个果品建立一份"专属档案"，让"每一颗果子都有身份"。力争通过三到五年的努力，切实把公众对攀枝花水果的认同上升为对"攀果"品牌的高度信赖，将"攀果"品牌打造成为中国 100 个最具影响力的农业品牌之一。

第二章　大宗水果品种

一、攀枝花芒果

（一）芒果

芒果

学　名：*Mangifera indica* L.

英文名：Mango

别　名：望果

植物学分类：漆树科芒果属

芒果是攀枝花地区种植面积最大的水果，是当地农业的核心支柱产业。2020年全市芒果种植面积达83.46万亩，鲜果产量达38.13万吨，产值达26.69亿元，共建成部级芒果标准化生产示范园9个、省级现代芒果示范区9个。攀枝花最北的种植区，芒果种植品种以晚熟品种为主，并形成了独特的种植模式和种植技术，采用的是高投入、高产出的现代农业生产模式。攀枝花芒果具有果形优美、皮薄核小、肉厚汁多、酸甜适口、营养丰富的特点，其维生素A和β-胡萝卜素含量是所有水果中含量最高的，素有"维A之王"的美誉，深受国内外消费者的喜爱。

1.芒果的特征特性

（1）形态特征。

芒果指的是原产于印度的漆树科植物杧果（*Mangifera indica* L.），常绿大乔木，高10～20米；树皮灰褐色，小枝褐色，无毛。叶薄革质，常集生枝顶，叶形和大小变化较大，通常为长圆形或长圆状披针形，长12～30

②吉禄芒：原产美国，广东称为"红芒6号"。1992年、1996年分别从原华南热带作物学院、华南热带作物科学研究院和以色列引入攀枝花。9月上中旬成熟。果实宽椭圆形，稍扁，单果重253～324克，可食率56.9%～71%，可溶性固形物含量14.5%。品质上等。未熟果底色青绿，盖色紫红。成熟后底色黄，盖色鲜红。果肉橙黄色，肉质较腻滑，纤维少，味甜芳香，品质好。较丰产稳产，但果实后期多雨会导致烂果或采前落果，如图2-3所示。

图2-3　吉禄芒

③热品10号：又名肯特芒，为美国红芒系列品种。2007年，从中国热带科学院资源所引入攀枝花。8月中旬至9月上旬成熟。平均单果重465.1克，可食率为77.8%，可溶性固形物达18.1%。

（2）中熟品种。

①攀育2号：攀枝花市农林科学研究院选育的一个实生变异单株，皮薄核小，香气馥郁，果肉细腻无筋，口感爽滑如布丁，是攀枝花农科院自主研发的品牌，具有金煌和椰香的优点，为攀枝花品质最好的芒果之一。于7月下旬至8月中旬成熟。单果重307.0～369.0克，可食率79.0%，可溶性固形物17.0%～20.7%，如图2-4、图2-5、图2-6、图2-7所示。

攀果 _PAN GUO_

图2-4　攀育2号1

图2-5　攀育（研）2号2

图2-6　攀育（研）2号3

图2-7　攀育（研）2号4

②金白花：原产斯里兰卡，为泰国主栽品种，1997年攀枝花市农林科学研究院从华南热带农业大学引入攀枝花。树势中等，长势较旺，在攀枝花于7月中下旬至8月上旬成熟。果实大小均匀适中，长椭圆形，果皮光滑，果点稀少，平均单果重300～330克，可食率80%～89%，可溶性固形物19.0%～22.0%。未成熟时果皮淡绿色，果肉浅黄色；经贮运熟后果皮黄绿色，果肉黄色，肉质滑腻、多汁、无纤维，味清甜、芳香，种子多胚，是攀枝花芒果品质最好的品种之一。

③热品16号：为攀枝花市农林科学研究院从海顿芒开放授粉的后代中

选育出的优良品种，香味浓郁，肉质细腻嫩滑，品质优，果形好，大小适中，丰产稳产，综合抗性好，树形紧凑易管理。平均单株产量27.4千克，平均单果重359.0克，可溶性固形物含量15.4%。

④热农1号：从中国热带农业科学院南亚研究所引进的新品种。该品种树根强壮，树势笔直，枝梢密集，树叶略针形，下垂。果树抗性强，产量高。果实成熟期7月中旬至8月上旬，果形端正、美观，平均单果重526.0克，最大单果重达700克以上；可食率76.1%，可溶性固形物13.2%。果实外部桃红色，表皮光滑无暇，色泽极佳。果肉橙黄色，肉质细腻多汁，纤维少，醇香可口，品质上等。

⑤红象牙：为广西大学选育优良品种，红象牙在攀枝花地区于7月下旬至8月上旬成熟，平均单果重618.0克，可食率52.6%～76.0%，可溶性固形物15.2%。该品种综合抗逆性较强，耐贫瘠、干旱，耐盐碱和酸性土壤。长势强，枝多叶茂。果长园形，微弯曲，皮色浅绿，果皮向阳面鲜红色，外形美观，如图2-8所示。

⑥爱文芒：原产美国佛罗里达州，1954年引入我国台湾后又名苹果芒，为台湾的主栽品种。爱文芒1984年由澳大利亚引入湛江南亚热带作物研究所，编为红芒1号。在攀枝花地

图2-8 红象牙

区于7月中旬成熟，单果重320～410克，可食率78%～85%。果实长卵形，果基较大，果腹凸，果顶较小，青果紫绿或蟹青色，盖色紫红色；成熟的果实底色深黄，盖色鲜红。果肉黄色，肉质细腻，纤维少，味道香甜，口感极佳。含糖率14%～16%，可溶性固形物15%～24%，是最适合加工制作芒果干的优良品种之一，如图2-9所示。

图2-9　爱文芒

　　⑦海顿芒：产量较爱文芒低些，食用质量极优，果实卵形，果顶尖形丰满，果皮底色鲜黄，泛以紫红成暗红色，果实中等，肉厚、橙黄色、纤维稍多，风味浓郁香甜，糖度15%，核较粗厚，栽培数量少，上市量不多，如图2-10所示。

图2-10　海顿芒

　　（3）早熟品种。

　　①金煌芒：为我国台湾选育的白象牙和凯特芒的自然杂交种，即以凯特（Keitt）为父本、怀特（White）为母本，经多年选育而成。金煌是攀枝花种植面积较大、品质最优的芒果。树势强，树冠高大，花朵大而稀疏，抗炭疽病。果实特大且核薄，味香甜爽口，果汁多，无纤维，耐贮藏。平均单果重1200克，可食率71%～73%，可溶性固形物15%～20%，糖分含量17%。成熟时果皮橙黄色，品质优，商品性好，如图2-11、图2-12、图2-13所示。

形或长卵圆形，果皮橙黄色，果点密、细，果面光洁，富有果粉与茸毛，果锈极少，具有肉质细腻、汁液丰富、味浓甜略带酸、风味浓郁等特点。20世纪90年代初，攀枝花市引进了"解放钟""大五星"等大果型枇杷品种。20世纪60年代，攀枝花市开始人工栽培枇杷。1996年，攀枝花枇杷开始大规模种植。2010年11月15日，农业部批准对"攀枝花枇杷"实施农产品地理标志登记保护。攀枝花枇杷保护范围为米易县的丙谷镇、白马镇、攀莲镇、湾丘乡、新山乡、撒莲镇、垭口镇、得石镇、普威镇、白坡乡、草场乡、麻陇；盐边县的渔门镇、惠民乡、永兴镇、国胜乡、敢鱼乡、桐子林镇、红格镇、新九乡、和爱乡、益民乡、红果乡、红宝乡、箐河乡、温泉乡、格萨拉乡、共和乡；仁和区的总发乡、太平乡、中坝乡、大龙潭乡、务本乡、啊喇乡、布德镇、同德镇、前进镇、福田镇、平地镇、金江镇、大田镇、仁和镇；西区的格里坪镇及东区的银江镇等，辖44个乡镇，东到湾丘乡，南到平地镇，西到温泉乡，北到红宝乡。2017年12月，攀枝花枇杷走出了国门，出口到了加拿大的温哥华、多伦多等城市。

图2-18　攀枝花米易枇杷生态园

3.米易枇杷的主要品种

（1）早钟六号。

早钟六号是福建省农科院果树所于1981年以解放钟为母本、日本良种

攀果 *PAN GUO*

森尾早生作父本进行有性杂交而培育出的新品种。1998年通过福建省农作物品种审定，在攀枝花得到广泛推广应用。早钟六号树势强，枝条粗短，树形半开张。叶片长椭圆形，夏叶边缘微反卷。早钟六号果实倒卵形至洋梨形，平均单果重52.7克，最大的可超过100克。果皮橙红色，鲜艳美观，锈斑少，厚度中乖，易剥离。果肉橙红色，平均厚0.89厘米，可食率70.2%，质细、化渣、味

图 2-19　早钟六号

甜，可溶性固形物11.9%，含酸量0.26%，有香气。每果平均有种子4.6粒。鲜食和制罐均宜，如图2-19所示。

早钟六号兼具有父母本特早熟、大果、优质、丰产性好等优良性状，比一般品种早熟15～20天；抗逆性强，枝梢抽花比率高。在栽培上要注意做好疏花（穗）、疏果、套袋护果等工作。新梢和幼果对敌敌畏和敌百虫敏感，生产上要避免使用此类农药。

早钟六号属大果型品种，而且其丰产性能好，坐果率高，较易出现过量挂果。栽培上要适时进行疏花疏果和增施肥料，以防果实变小和品质下降。通常以疏去全树总花穗的40%，每穗留果3～5个为宜。该品种同株的不同枝梢，抽花穗和开花期的早晚相差15～20天。花期长虽对抗寒有利，但在无冻害之虑的华南地区，要尽量疏除迟抽的花穗，以确保全树早熟和成熟期一致。该品种果实早熟，易被鸟类和蝙蝠食害，可通过套袋、张网等措施加保护；枇杷栽培的北缘地区，还可通过塑料大棚来栽培该品种，以达到提早上市和防止冻害的目的。该品种树姿较直立，树形宜采用开心形或变侧枝为主干形，以防树体过高，便于果园管理。

（2）大五星。

大五星品种是枇杷之王，平均果重81克、最大194克，系国内果型最大

的枇杷品种。该品种果皮橙红、味浓甜，栽后第二年试果，综合性状远远超过早钟六号、解放钟、太城四号、洛阳青、香钟十一号、大红袍等国内著名品种，获"99昆明世博会"枇杷类最高奖，如图2-20所示。

该品种市场销售价格较高，每千克售价一般可达10～40元，其中优质大果枇杷大五星在广州、深圳每千克售价高达100元左右。大五星枇杷是成都市龙泉园艺科学研究所通过实生选育而成的优质大果枇杷新品种。大五星枇杷风味浓甜，糖度高，品质上等，克服了解放钟风味偏酸的缺点。可溶性固形物13.5%～14.8%，明显超过解放钟、早钟六号等品种。果实硬度高，果皮韧性强，耐贮藏运输。常温下可贮运10天以上，在冷藏条件下可贮藏2个月。成熟果实色泽金黄，外观诱人，可食率高。

图2-20　大五星

果实采收期长，从第一批果上市到采果结束，前后时间长达20天。

该品种树势中庸，早果性能好，极丰产。一般栽后第二年试花结果，比解放钟的投产时间提早2年。每亩栽222株或111株，如果不疏花疏果，亩产可达5000千克。但为了确保该品种的商品性能，每年需大量疏花疏果，一般要疏掉2/3以上的花果，亩产保持2000～3000千克即可。此外，该品种稳产性能极好，在正常管理下，几乎无大小年或大小年不明显。

抗逆性强，适应性广。据南方9个省区引种试栽后反馈的情况看，大五星枇杷在各省区的表现均超过当地的品种，该品种适合在南方新老产区推广。

三、大田石榴

（一）石榴

学　名：*Punica granatum* L.

英文名：Pomegranate

别　名：安石榴、山力叶、丹若、若榴木、金罂、金庞、涂林、天浆、花石榴

植物学分类：千屈菜科石榴属落叶灌木或乔木

石榴原产于波斯(今伊朗)一带，公元前2世纪传入中国。"何 年安石国，万里贡榴花。迢递河源边， 因依汉使搓"。西晋张华的《博物志》记载，"汉张骞出使西域，得涂林安石国榴种以归，故名安石榴"。石榴喜光，喜温暖，较耐旱和耐寒，我国攀西地区十分适宜石榴的种植，如图2-21、2-22所示。

图 2-21　石榴 1

图 2-22　石榴 2

1.石榴的特征特性

石榴(拉丁名：*Punica granatum* L.)，属于双子叶植物纲，石榴科，石榴属。落叶灌木或小乔木，在热带是常绿树。树冠丛状自然圆头形。树根黄褐色。生长强健，根际易生根蘖。树高可达 5～7米，一般高3～4米，但矮生石榴仅高约1米。树干呈灰褐色，上有瘤状突起，干多向左方扭转。

树冠内分枝多，嫩枝有棱，多呈方形。小枝柔韧，不易折断。一次枝在生长旺盛的小枝上交错对生，具小刺。刺的长短与品种和生长情况有关。旺树多刺，老树少刺。芽色随季节而变化，有紫、绿、橙三色。

图 2-23　石榴花

叶对生或簇生，呈长披针形至长圆形，或椭圆状披针形，长2～8厘米，宽 1～2厘米，顶端尖，表面有光泽，背面中脉凸起，有短叶柄。

花两性，因子房发达与否，有钟状花和筒状花之别，前者子房发达善于受精结果，后者常凋落不实；一般1朵至数朵着生在当年新梢顶端及顶端以下的叶腋间；萼片硬，肉质，管状，5～7 裂，与子房连生，宿存；花瓣倒卵形，与萼片同数而互生，覆瓦状排列。花有单瓣、重瓣之分。重瓣品种雌雄蕊多瓣花而不孕，花瓣多达数十枚；花多红色，也有白色和黄、粉红、玛瑙等色。雄蕊多数，花丝无毛。雌蕊具花柱 1 个，长度超过雄蕊，心皮 4～8，子房下位。果石榴花期 5—6 月，榴花似火，果期 9～10月。花石榴花期 5—10月，石榴花如图2-23所示。

石榴成熟后变成大型而多室、多子的浆果，每室内有多数子粒；外种皮肉质，呈鲜红、淡红或白色，多汁，甜而带酸，即为可食用的部分；内种皮为角质，也有退化变软的，即软籽石榴。

2.大田石榴概述

攀枝花的石榴主要产自仁和区大田乡，是全国农产品地理标志产品。

攀枝花大田优质石榴，被誉为"水晶珠玉"，是果中珍品。1993年，大田石榴在北京荣获全国农业博览会金奖，并在第一届全国科技博览会上荣获金奖。近年来，大田石榴先后获得全国"名优农产品"和"优质鲜食石榴"等称号。2002年，在攀枝花市人民政府的牵头下，举办了第一届"中国攀西石榴节"，2002年9月，由攀枝花市人民政府主办的中国攀西石榴节在国家工商局注册成功。2003年，在第二届中国攀西石榴节上的"石榴拍卖"活动中，"石榴王子"以1.19千克的重量和饱满的果形傲视群雄，最终拍出2.58万元的成交价，同时进行拍卖的"石榴王妃""石榴太子"也分别以5000元和1050元成交；石榴节的石榴村姑秀、旅游形象小姐大赛和当地独具特色的民俗文化演出活动吸引了省内外游客4万余人次，实现了现场销售石榴40余万千克，农副产品交易额500多万元；同时，石榴节蕴含的巨大商机吸引了上海建桥集团、攀钢(集团)公司、远达南山花园、四季花城、仁和春天、托利多、商业银行等几十家商贸企业前来进行经贸洽谈活动，在商贸洽谈会上，攀枝花市仁和区与东泰汇源建材有限公司一次性签订了1.5亿元的招商项目。2011年11月22日，农业部批准对"大田石榴"实施农产品地理标志登记保护。如图2-24所示。

图2-24　石榴3

大田石榴经过近多年培育，目前种植面积已达到1.2万亩，年产量1.7万吨，产值1.7亿元。石榴已成为当地村民的主要致富来源，如今产品已

图2-25 黑籽酸石榴（紫美石榴）

出口到韩国、澳大利亚等国家，深受消费者喜爱。

目前该区主栽石榴品种为青皮软籽石榴和突尼斯软籽石榴。大田青皮软籽石榴果形端正，色泽绚丽，果大皮薄，籽粒似珍珠 红玉，晶莹剔透，味甜，爽口，果汁富含多种氨基酸、磷、锌、碳水 化合物和维生素B、维生素C、粗蛋白等营养成分。此外，该区还有少量的中农红软籽石榴、蜜露软籽石榴、黑籽酸石榴等，如图2-25所示。

2011 年，农业部正式批准对"大田石榴" 实施农产品地理标志登记保护，登记证书持有人全称为攀枝花市联庆大田石榴专业合作社，2016 年，登记证书持有人变更为攀枝花市仁和区石榴专业技术协会。地域保护范围是攀枝花市仁和区大田镇。地理坐标为东经101°43′50″～101°51′24″，北纬 26°15′02″～26°22′01″，见表2-1。

表2-1 农产品地理标志登记产品信息一览表

产品名称	所在地域	变更前登记证书持有人全称	变更后登记证书持有人全称	规定的地域保护范围	备注
大田石榴	四川	攀枝花市联庆大田石榴专业合作社	攀枝花市仁和区石榴专业技术协会	攀枝花市仁和大田镇，地理坐标为东经 101°43′50″ ～ 101°51′24″，北纬 26°15′02″ ～ 26°22′01″	2011年公青产品（登记证书编号：AG100698）

受保护的产地地理气候环境：四川省攀枝花市仁和区大田镇位于攀枝花市东南，地势东南高、西北低，海拔 1350～2515 米，林木覆盖面积达 75%以上，土壤 pH 值 6.3～7.3，水土保持良好，产区夏季 长， 四季不明显，旱雨季分明，昼夜温差大，气候干燥，降雨量集中，日照长。年平均

气温 19.7℃～20.5℃，无霜期达300天以上，年平均降雨量1000毫米，是典型南亚热带气候，十分适宜优质石榴的生产，因此形成了大田石榴独特的品质特色。

四、中坝草莓

（一）草莓

草莓果实色泽艳丽、香味浓郁、柔软多汁、酸甜适口、营养丰富，素有"水果皇后""活的维生素丸""早春第一果"等美称，深受国内外消费者的喜爱。草莓品种类型多、生产周期短、适宜范围广、经济效益高，是攀西地区重要的冬春水果。

1.草莓的特征特性

草莓（英文名：strawberry，拉丁学名：Fragaria ananassa Duch.）是多年生草本植物，在园艺学分类中，属于浆果类果树。草莓植株矮小，高度一般在10～40厘米。植株包括根、茎、叶、花序（花茎、花、果实、种子）、匍匐茎，如图2-26所示，根系浅，茎短缩，节间一般为2毫米左右，叶多为三出复叶。聚伞花序，花两性，多为白色，果实柔软多汁，多呈红色，种子均匀着生在果面上。从叶腋处发生沿地面前伸的匍匐茎，是草莓的无性繁殖器官。

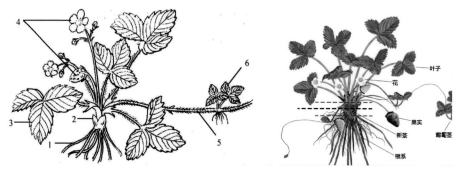

图2-26　草莓植株形态

草莓植株形态：1.根 2.短缩茎 3.叶 4.花和果 5.匍匐茎 6.匍匐茎苗

　　草莓属于蔷薇科草莓属植物，原产南美，草莓属植物全世界约有20个种，其中只有一个种为栽培种，即世界各地均有栽培的八倍体凤梨草莓（F. Duch.），其他种均处于野生、半野生状态。经200多年的演变与发展，目前全世界已培育出2000多个栽培品种，中国自己培育的和从国外引进的新品种有200~300个，但大面积栽培的优良品种只有几十个。

2.中坝草莓概述

　　攀枝花市仁和区中坝乡出产的草莓，是攀枝花地区优特水果之一，为全国农产品地理标志保护产品。其果型好、颜色艳、抗病强、味道鲜、亩产高、收获期长，深受种植户喜爱。

　　改革开放后不久的1982年，随着家庭联产承包责任制的落实，村民发展特色产业的积极性高涨，由攀枝花市仁和区中坝乡中坝村孟古桥组村民黄兴帮、杨明礼等经人介绍引进草莓进行试种，并于当年获得成功。周边群众也开始种植草莓，种植范围从中坝村扩展到当时的石桥村（现合并到团山村）、学房村和新生村（现合并到中坝村）。1986年，攀枝花市农科所相关技术人员也积极开展草莓引种栽培试验及品种筛选等研究工作，进一步推进了中坝乡草莓产业的发展。1994年，中坝草莓获得了"攀枝花草莓大王"称号。1998年，中坝片区草莓种植面积达到了800亩。随着草莓种植规模的扩大，2002年7月中坝乡专门成立了攀枝花市首个草莓协会，时任中坝村村主任的施发辉为协会第一届理事会会长，全乡三个村共150多户草莓种植户加入协会。2006年7月，协会引进了攀枝花市宏翔农业开发有限公司经营中坝草莓产业，形成了"公司+协会+基地+农户"的经营模式，实施了草莓的标准化种植，完善了产品包装和质量控制，加强了产品的媒体宣传。协会拥有熟悉草莓栽培的农艺专家4人，会员达到了170人。2006年8月，李昌宏当选为中坝草莓协会第二届理事会会长。2006年10月，协会又被四川省列为全省200家（攀枝花市仅3家）重点示范农村专业经济合作组织之一。2007年9月，随着中坝草莓生产规模的进一步扩大，以会长李昌宏为首的5户草莓种植大户作为发起人，出资将中坝草莓协会升级为中坝草莓专业合作社。2009年，中坝草莓获得了有机草莓认证，并专门注册了"人合中坝"商标，便于整体打造中坝草莓的品牌影响力。

中坝草莓经过近30余年的培育，先后引进栽培的草莓品种达40余个，目前主要推广栽培的优良品种有10余个，包括：黔莓、红颜（巧克力）、章姬（奶油）等草莓品种。中坝草莓果形大、纺锤形；萼片大、反卷；果面鲜红色、有光泽，种子黄色、微凹；髓心白色、中空；果肉粉红色、肉质细、致密；味浓、酸甜适口，有香气，汁液较多，如图2-27所示，其可溶性固形物大于10%，维生素C含量大于56毫克/100克。

2010年以来，攀枝花市仁和区多次组织开展以"中坝生态谷·阳光冬草莓"为主题的中坝草莓节，如图2-28所示，吸引了大量市内外游客前往中坝乡，体验摘草莓的乐趣，促进了中坝草莓的发展。

图2-27　中坝草莓

图2-28　中坝草莓节

2014年11月18日，农业部正式批准对"中坝草莓"实施农产品地理标志登记保护，如图2-29所示。地域保护范围：中坝草莓的地理标志保护的区域范围为仁和区所辖中坝乡、总发乡、太平乡、务本乡、啊喇彝族乡、大龙潭彝族乡、仁和镇、同德镇、大田镇、平地镇、福田镇、前进镇、布德镇等13个乡镇。地理坐标为东经101°41′～101°86′，北纬26°20′～26°70′。保护区面积：667公顷（合计10005亩）。

图 2-29　中坝草莓农产品地理标志证书

　　受保护的产地地理气候环境：中坝草莓产于攀枝花市仁和区，产区山脉纵横，地形呈南北走向，地势西北高、东南低，海拔高1300～1500米。土壤以水稻土、赤红壤和黄棕壤为主，pH值6.5～7.0，土质黏壤至砂壤，有机质含量高，矿质元素含量丰富，土层深厚且质量状况好，适宜草莓种植。中坝草莓产区属南亚热带气候，年平均气温20.3℃，年日照时数2300～2700小时，≥10℃年积温6000℃～7700℃，年降雨量700～1200毫米，无霜期330天。产区因特殊的地形地貌及大气环流作用，光热资源十分丰富，冬季气温可达25℃，昼夜温差大，没有梅雨，干湿季分明、气温年较差小日较差大等特点，有"自然温室"之称。

　　中坝草莓的主要栽培特性：中坝草莓属于全国为数不多可以冬季露天种植的草莓，"秋种冬收"，每年的7月中旬开始定植，11月中旬即可上市，可持续至来年4月，属全国草莓果子播种最早的地区，填补了冬春鲜食水果的市场空缺。特别是每年元旦、春节消费旺季，中坝草莓大量上市，倍受消费者欢迎，远销成都、昆明、重庆，在西南地区，享有盛誉。近几年来，中坝乡草莓种植面积约1500亩，亩产草莓1000～1500千克，总产量约2000吨，产值达5000余万元。

中坝草莓的栽培模式，通常稻果轮作（草莓水稻轮作，雨季种水稻，旱季种草莓），不仅不与粮争地，而且草莓收后，其茎叶可翻耕做肥料，还能减少土传病虫害。一般每公顷产15吨鲜果的草莓，可产鲜茎叶22.5～45吨，其氮磷钾三要素含量大体与苜蓿相当，稻田翻入1500千克草莓茎叶，相当于施用尿素17.6～19.2千克，过磷酸钙12.4～15千克，氯化钾10～12千克，利于水稻草莓双丰收。

3.中坝草莓的主要品种

目前，中坝草莓主要推广栽培的品种有黔莓1号、红颜（巧克力草莓）、鬼怒甘、隋珠、秀丽、宁玉、蜀香、黔莓11号等品种。总的看来，这些品种在中坝种植，适应性强，果型好、色调好、抗病力强、味道鲜、亩产量高、播种期长，深受种植户青睐。

（1）黔莓1号。

黔莓1号由贵州省农业科学院园艺研究所杂交育成，2010年通过贵州省农作物品种审定。果实圆锥形，鲜红色。平均单果重26.4克,如图2-30所示。果肉橙红色，果肉口感好，风味酸甜适口，可溶性固形物含量9.0%～10%；果实硬度较大，贮运性较好。植株高大健壮，生长势强，叶片大，近圆形，绿色。匍匐茎发生容易。花序连续抽生性好，单花序花数8～12枚。丰产，亩产2300～2600千克。耐寒性、耐热性及耐旱性较强，抗白粉病、炭疽病能力强，抗灰霉病能力中等。早熟，适宜保护地栽培。

图2-30 黔莓1号

图2-31 红颜

（2）红颜（巧克力草莓）。

红颜（巧克力草莓）是日本品种，1994年育成，1999年命名，2002年登记发表，1999年从日本引入我国。果实长圆锥形，鲜红色，着色一致，富有光泽，外形美观，畸形果少。果个大，一、二级序果平均果重20.1克，最大果重达58.3克，如图2-31所示。 种子黄绿色，陷入果面较深。萼片中等大，单层，平贴果实。果肉鲜红色，髓心较小、红色，空洞小，肉质细，纤维少，汁液中多，酸甜适口，香气浓，可溶性固形物含量11.8%。品质上，果实综合阻力0.456千克/厘米^2，耐贮运性明显优于章姬和丰香。植株长势强，株态较直立，叶片大，绿色，中间小叶椭圆形。单株抽生花序2~4个，花序低于叶面，分枝较高，二歧分枝。保护地栽培连续结果 能力强，丰产性好，亩产量2500千克以上。匍匐茎抽生能力较强，能二次抽生，繁殖能力强。耐低温，但耐热、耐湿能力较差，较丰香抗白粉病和炭疽病。早熟品种，休眠浅，适宜保护地促成栽培。

（3）鬼怒甘。

鬼怒甘是日本品种，1987年选出，1992年登记发表，1995年从日本引入我国。果实短圆锥形，红色，光泽度强，果面平整 ，如图2-32所示。果实较大，一级序果平均果重 25.0

图2-32　鬼怒甘

克，最大果重60.0克， 一、二级序果果实形状差异较小。种子黄绿色，凹入果 面 浅。花萼翻卷。果肉鲜红，髓心浅红色， 略有空洞或实心，肉质细，汁液中多，有香气，可溶性固形物含量9.7%。果实综合阻力0.350千克/厘米^2，比女峰和宝交早生硬度大，较耐储运。

（4）秀丽。

秀丽由沈阳农业大学张志宏教授带领团队2002年杂交育成，2010年通过辽宁省种子管理局组织的成果鉴定并命名。同年经辽宁省非主要农作物品种备案办公室备案。一级序果为圆锥形或楔形，二级序果和三级序果为圆锥形或长圆锥形，果面红色，有光泽，外观品质好。一、二级序果平

图2-33 秀丽

均果重27.0克，大果重38.0克，如图2-33所示。种子黄绿色，平或微凸于果面。果实萼片单层，反卷。果肉红色，髓心白色，无空洞，果实汁液多，风味酸甜，有香味，可溶性固形物含量10.0%。果实综合阻力0.430千克/厘米^2。植株生长势强，株态开张，叶片较大，圆形，深绿色。花序较长，平于或高于叶面，二歧聚伞花序。连续结果能力强，丰产性好，亩产量2000千克以上。对白粉病具有中等抗性，对炭疽病具有较强抗性，抗土传病害及草莓叶部病害。早熟品种，浅休眠，适宜日光温室促成栽培。

（5）宁玉。

宁玉由江苏省农业科学院园艺研究所2005年杂交育成。2010年通过江苏省农作物品种委员会鉴定。果实圆锥形，果个均匀，红色，果面平整，光泽强。果大，一、二级序平均单果质量24.5克，最大52.9克，如图2-34所示。果肉橙红，髓心橙色；味甜，香浓，可溶性固形物10.7%。硬度1.63千克/厘米^2。植株长势强，半直立，叶片绿色，椭圆形。匍匐茎抽生

图2-34 宁玉

能力强。每花序10～14朵花。丰产性好，亩产量可达2212千克。耐热耐寒，抗白粉病，较抗炭疽病。适宜保护地促成栽培。

（6）隋珠（香野）。

隋珠是日本品种，日本称为香野，中国引进后改称隋珠。日本三重县农业研究所通过8个草莓品种反复杂交选育出来的，其中涉及女峰、宝交早生、章姬、爱莓、丰香和枥木少女这些草莓品种。隋珠草莓植株高大，较直立，长势强旺，叶片椭圆形，绿色，花梗较长。休眠浅，成花容易，花量大，连续结果能力强，早熟丰产。果实圆锥形或长圆锥形，

整齐度不如红颜、章姬，平均单果重25g左右，最大果重超过100克大果有空心现象，如图2-35所示。果皮红色，果肉橙红色，肉质脆嫩香味浓郁，带蜂蜜味，含糖量12%～14%，口感极佳，但温度较高时由于生长期较短，品质明显下降。果实硬度大，耐贮运。抗病性强，对炭疽病、白粉病的抗病性

图2-35　隋珠

明显强于红颜。但匍匐茎数量偏少，育苗系数较低。

（7）蜀香。

蜀香由四川省农业科学院园艺研究所2008年利用"Queen-Elisa"与"丰香"进行杂交，经多年、多点选育而成。植株长势中等，株型较开张，株高8～12厘米，冠幅22厘米×25厘米。叶片大、绿色，叶面较平，边缘向上卷。叶柄中长，托叶短而窄。繁苗力较强。休眠期短。两性花，花冠、花托中等大，花序梗较粗，平于或低于叶面。每株花序4～6个，每序着花3～11朵，自然坐果力强，畸形果少。一、二级序果平均单果重28克，最大果重50克以上，如图2-36所示。果实圆锥形、整齐。果面平整、深红色、富有光泽，种子分布均匀，稍凹于果面，黄色、红色兼有。萼片中等大，翻卷于果面。可溶性固形物10.4%。果肉淡红色、硬脆、无髓心，甜酸适中，有蜜桃香味，果实挂果期长，耐贮运。对炭疽病、白粉病、灰霉病中高抗。

（8）黔莓2号。

黔莓2号由贵州省农业科学院园艺研究所2005年杂交育成，2010年通过贵州省农作物品种审定委员会审定。果实短圆锥形，鲜红色，有光泽。一级序果平均单果重25.2克，最大单果重68.5克，如图2-37所示。种子分布均匀。果肉橙红色，肉质细，果肉韧，香味浓，风味酸甜适中，可溶性固形物含量10.2%～11.5%。果实硬度较大，贮运性较好。植株高大健壮，生长势强，分蘖性强，叶大，近圆形，黄绿色。匍匐茎发生容易。花序连续抽

生性好，粗壮。丰产，亩产量2200～2400千克。耐寒性、耐热性及耐旱性较强，抗白粉病、炭疽病能力强，抗灰霉病能力中等。特早熟，露地和保护地栽培均可。

图 2-36　蜀香黔莓 2 号

图 2-37　蜀香黔莓 2 号

五、盐边桑葚

（一）桑葚

桑葚（Mulberry）俗称桑椹、桑枣、桑果、桑实、桑子，系桑科（Moraceae）、桑属植物桑树（*Morus alba* Linn.）的近成熟聚花果。

桑葚主要生长在北半球的暖温带地区，并逐渐扩展至亚热带和热带山区。当前，中国大部分省份均有桑葚种植，主要分布在浙江、四川、江苏、山东、河南、河北、新疆、安徽、云南、广东等地，如图2-38所示。

图 2-38　桑葚

　　桑葚是我国历史悠久的传统果品之一，是中国古代皇帝御用贡品，其作为水果食用已有数千年历史。桑葚果是一种呈紫红色的聚合果，完全成熟的果实有紫黑色、暗红色、白色、粉红色等多种。桑葚果熟期为5 — 7月，果实长约1 ～ 2.5 厘米，直径约6 ～ 10毫米，果穗由30～60个卵圆形瘦果聚合成椭圆形，色泽多为紫红色、紫黑色或呈白色，质地油润，富有弹性，味微酸而甜，如图2-38所示。

　　在桑葚分类研究上，1753 年，林奈将桑属分为5种，随后不同学者提出了不同的分类方法。目前，在桑属植物的形态分类学上基本沿用小泉源一提出的分类方式。中国的桑属植物分为15种，4个亚种，其中12种桑源于中国，包括蒙桑［*Morus mongolica* (Bureau) C. K. Schneid.］、鸡桑（*M. australis* Poiret.）、华桑（*M. cathayana* Hemsi.）、白桑（*M. alba* L.）、长穗桑（*M. wittorum* Handelb-mazett.）等，如图2-39、图2-40所示。

图2-39　奶桑

图2-40　长果桑

攀果 *PAN GUO*

1.桑葚的营养与保健作用

（1）桑葚的营养作用。

桑葚自古以来就作为水果和中药材被广泛应用，在二千多年前，桑葚就已是中国皇帝御用的补品。

桑葚具有丰富的营养价值，含有丰富的转化糖、游离酸、维生素、粗纤维、蛋白质、氨基酸及其他活性物质；桑葚中维生素主要包括维生素B1、维生素B2、维生素B3、维生素B5、维生素B6、维生素C、维生素E等；矿物质有K、Fe、Ca、Zn等；氨基酸主要包括20种常见氨基酸及稀有氨基酸；其他活性物质主要包括芦丁、杨梅酮、桑葚色素、芸香苷、鞣质、花青素等。此外，活性多糖、黄酮类物质和芦丁等既有营养作用又有药理作用。桑葚中Fe和维生素C含量高，是补血佳品，故妇女产后出血，体虚弱者均宜食之。正因为这么多种营养成分，造就了桑葚能够拥有多种功效。

桑葚富含蛋白质和多种人体必需氨基酸，更重要的是桑葚富含易被人体吸收的果糖和多种维生素，以及铁、钙、锌等矿质元素、硒等微量元素和胡萝卜素、纤维素等，具有增强免疫功能，促进造血细胞生长，预防动脉粥样硬化，促进新陈代谢等作用，具有一定的药理学价值。

（2）桑葚的药理与保健作用。

桑葚可作为中药材，我国许多中医名著，如《本草纲目》《中药大辞典》《中药志》等都有桑葚入药的记载；传统中医认为桑葚味甘，性寒，具有生津止渴、补肝益肾、滋阴补血、明目安神、利关节、祛风湿、解酒等功效。

在医药上，桑葚除作为中药材，还可用于桑葚膏、桑葚冲剂、桑葚口服液等中成药的生产。古代中医认为，桑葚味甘，性寒，具有生津止渴、补肝益肾、滋阴补血、明目安神等功效。从最早的《神农本草》到明代的李时珍所著的《本草纲目》，对桑果均有这样的记载："桑果，味酸，甘。单食，止消渴，有滋阴补血，利五脏关节，通血气，久服不饥，安魂镇神，令人聪明，变白不老。捣汁饮，解中酒毒……"《本草纲目》还记载桑葚"单食，止消渴，利五脏关节，通气血，久服不饥、安魂镇神，令人聪明，变白不老，多收暴干为末，蜜丸日服，捣汁饮，解中酒毒，酿酒服，利水气消肿"。《新修本草》记载桑葚"滋阴补血"。《本草经疏》中记载桑葚"甘寒益血而除热，其为凉血、补血、益阳之药无疑矣"。《本草求真》中记载"除热养阴，……乌须黑发"。《本草拾道》记载桑葚"久服不饥、安魂镇神，令人聪明，变白不老"。

现代医学中也有关于桑葚记载，如《抗衰老中药学》提到"能提高细胞免疫功能，调节免疫平衡"，《抗癌中药理与应用》提到"桑葚含胡萝卜素可阻止致癌物质引起的细胞突变、使细胞内的溶酶体破裂放出水解酶，这种酶可使癌变细胞溶解死亡"。中国蚕学会常务理事叶伟彬教授指出："桑全身是宝，桑葚乃宝中之宝，既是食品，又是药品。"

近年来人们对桑葚的化学成分、药理作用、活性功能也进行了多方面的研究，发现桑葚中含有丰富的人体必需的氨基酸、维生素、矿物质、黄酮、生物碱等多种功能成分，具有免疫促进作用，有降血糖、降血脂、降血压、抗炎、抗衰老、抗肿瘤等功效。

桑葚可降低各年龄组小鼠红细胞膜$Na+-K+ATP$酶的活性，同时$Na+-K+ATP$酶与机体产热有关，可降低$Na+-K+ATP$酶活性，并降低产热量，具有滋阴清热的良好作用。

机体衰老与自由基引发的脂质过氧化作用密切相关。桑葚能有效清除自由基，抗脂质过氧化，这与桑葚含有丰富的天然抗氧化成分有关，如：桑葚红色素、VC、β-胡萝卜素、硒、黄酮等。桑葚可通过改善免疫机能而起到抗氧化、延缓衰老及润肤美容的功效。

桑葚对体液免疫有增强作用，对T细胞介导的免疫功能有显著促进作用。桑葚可提高ANAE阳性淋巴细胞百分率，可促进T淋巴细胞的成熟，提高其对淋巴细胞的杀伤效应，因而提高了人体的免疫防病能力。

桑葚能促进造血细胞的生长，提高血红蛋白和红细胞的数量，起到补血的作用。桑葚含有一定量的香云苷、硒，可消除毛细血管通透性障碍，增强血管壁弹性，防治动脉硬化，并对高血压、冠心病等有独特的疗效。桑葚还具有治疗高血脂动脉粥样硬化症的功效。由桑葚、何首乌、黑芝麻等制成的降脂丸能明显降低外源性高胆固醇症家兔的血清胆固醇及甘油三酯水平，减轻或延缓外源性高胆固醇血症家兔动脉粥样硬化。这表明，桑葚对防治心血管和脑血管疾病具有一定的意义。

桑葚的主要营养价值与药理作用在于其含有丰富的维生素和矿物质，其具有提高人体免疫力、抗衰老、清肝明目、润肺止咳、通关节等功效，但桑葚也是药用价值很高的经济类果物。桑葚果作为水果与中药材被广泛应用，1993年卫生部把桑葚列为"食药两用"名单，并经国家营养学会认定为20种药食同源果蔬之一。

2.桑葚色素研究

（1）桑葚红色素概况。

桑葚红色素又名桑葚红，桑葚色素，其主要成分为花色苷类化合物，还含有胡萝卜素、各种糖类、维生素，以及脂肪油等，是非常好的天然色素，其着色性强，安全性好，可以广泛的应用于饮料，口香糖，果冻等着色，还可以用来作为酸碱指示剂。桑葚红色素是从天然桑葚的果实中提取而得，属于花青素类色素。其主要的着色成分是矢车菊-3-葡萄糖苷，其基本骨架结构为2-苯基苯并吡喃型阳离子，即花色基元。但是花色基元分子中氧原子是四价的，故花色基元及其衍生物具有碱性，能与酸结合形成盐。而花青素是花色基元的羟基取代衍生物，因此也具有酸的性质，能和碱结合形成盐。花青素在自然状态下是以糖苷的形式存在，即花色苷。花色苷具有典型的C6-C3-C6碳骨架结构，因而也被认为是一种类黄酮，是类黄酮物质中重要一类。

在1968年，塔克里斯威尼就报道了桑葚含有红色素，并可作为糖果的着色剂使用。1978年，日本佐藤俊之报道白桑中含有3种花色苷成分。1989年，我国食品添加剂标准化技术委员会审查批准，同意将桑葚红色素列入我国食品添加剂卫生标准（GB2760-1996）。

（2）桑葚红色素的作用。

桑葚红色素属于花青素类色素，pH值在0.54～13，颜色有深玫瑰红到蓝黑色，不同pH值下颜色差异大。桑葚红色素遇Fe^{3+}等颜色会发生变化，出现浅咖啡色，扩大了实际应用的范围。

桑葚红色素色泽鲜艳，是纯天然食用色素，具有一定的营养与保健作用。段江莲等研究发现桑葚红色素具有较强的抑菌作用，对大肠杆菌抑制作用强，对金黄色葡萄球菌与枯草芽孢杆菌抑制作用次之。

桑葚花色苷能够降低血清和肝脏中的脂肪含量，同时具有抗变异和抗肿瘤作用。据报道，一些花色苷也具有良好的抗氧化性及消除自由基的功能。花色苷不仅无毒和无诱变作用，而且还具有治疗特性，具有补血、润脑、利尿、利肝、润便、抗氧化及消除自由基等功效，在治疗各种血液循环失调疾病、发炎性疾病、预防冠心病等方面也有显著的疗效。

桑葚花色苷类化合物在水溶液中呈红色，使桑葚色素呈现红色。膳食花色苷是一类广泛存在于蔬菜、水果等食物中的天然色素，属植物化学素中的黄酮类化合物。

（3）桑葚在食品工业上的发展。

桑葚其味甘甜可口，主要含有芸香甙、花青素甙、胡萝卜素、维生素B1、维生素B2、维生素C、烟酸、脂肪酸、氨基酸、葡萄糖、果糖、亚油酸和微量元素等营养成分，并且含有丰富的天然色素。

在食品工业上，桑葚可开发出桑葚酒、桑果汁、桑葚乳饮料、桑葚果酱等食品。桑葚酒是一种以桑葚为原料发酵酿造的新兴果酒，其营养丰富、颜色鲜艳、醇香可口，花青素含量高，具有良好的保健作用。

目前，国内许多食品加工企业都将目光投向了桑葚中提炼出的桑葚红色素，因为其具有花青素含量高、色素稳定等特点，正逐渐成为了其他果品无法替代的鲜果色素，同时，桑葚红色素还具有一定的营养和药理保健作用，是理想的天然食用色素。

3.桑葚种植概述

盐边桑葚是四川省攀枝花市盐边县特产，为全国农产品地理标志。2013年4月15日，农业部正式批准对"盐边桑椹"实施农产品地理标志登记保护。盐边桑葚的地理标志保护的区域范围为盐边县渔门镇、永兴镇、惠民乡、国胜乡、鳡鱼乡、箐河乡、温泉乡、红宝乡、格萨拉乡、共和乡、红果乡等11个乡镇。地理坐标为东经101°06′17″～101°47′45″，北纬26°47′46″～27°07′35″。

盐边桑葚产区位于攀枝花市盐边县中北部山区，地势北高南低，西北为浅丘平坝、老河谷阶地，东部为中山林地，最适生长高度1200～1800米。产区土壤以红黄壤土为主，有机质含量高，矿质元素丰富，土壤深厚，适宜桑椹种植。

盐边桑葚产区属南亚热带立体气候，年平均气温19℃～20℃，年积温6600℃～7500℃，年日照2300～2700小时，雨季集中在6—10月，年降雨量700～1200毫米，无霜期300天以上，具有雨量集中、旱湿分明、气温年温

差较小、日温差较大等特点。独特的自然生态环境和生长气候条件形成了盐边桑椹优良的品质。

盐边桑椹果实较大，椭圆形；果长1～3厘米，果径1厘米左右；表面不光滑，黑紫色，色泽稳定，干品仍呈黑紫色；果汁多，甜而带有微酸味。桑葚产品符合《无公害水果》（GB18406.2-2001）标准的安全要求。

六、盐边西瓜

西瓜为夏季水果，果肉味甜，能降温去暑；种子含油，可作消遣食品；果皮药用，有清热、利尿、降血压之效。中国是世界上最大的西瓜产地。盐边西瓜是四川省攀枝花市盐边县特产，全国农产品地理标志。盐边西瓜产区海拔落差大，地形由西北向东南倾斜，山脉走向以东西走向为主，地势崎岖，山高谷峡，溪流交错，岭峰连绵。盐边西瓜最适生长海拔1300米左右，产区土壤以沙壤土为主，pH值5.0～6.5，微酸性，有机质含量高，适合西瓜种植。

1.西瓜的特征特性

西瓜［学名：*Citrullus lanatus* (Thunb.) Matsum. et Nakai］一年生蔓生藤本；茎、枝粗壮，具明显的棱沟，被长而密的白色或淡黄褐色长柔毛。卷须较粗壮，具短柔毛，2歧，叶柄粗，长3～12厘米，粗0.2～0.4厘米，具不明显的沟纹，密被柔毛；叶片纸质，轮廓三角状卵形，带白绿色，长8～20厘米，宽5-15厘米，两面具短硬毛，脉上和背面较多，3深裂，中裂片较长，倒卵形、长圆状披针形或披针形，顶端急尖或渐尖，裂片又羽状或二重羽状浅裂或深裂，边缘波状或有疏齿，末次裂片通常有少数浅锯齿，先端钝圆，叶片基部心形，有时形成半圆形的弯缺，弯缺宽1～2厘米，深0.5～0.8厘米。

雌雄同株。雌、雄花均单生于叶腋。雄花：花梗长3～4厘米，密被黄褐色长柔毛；花萼筒宽钟形，密被长柔毛，花萼裂片狭披针形，与花萼筒近等长，长2～3毫米；花冠淡黄色，径2.5～3厘米，外面带绿色，被长柔毛，裂片卵状长圆形，长1～1.5厘米，宽0.5～0.8厘米，顶端钝或稍尖，脉黄褐色，被毛；雄蕊3，近离生，1枚1室，2枚2室，花丝短，药室折曲。雌花：花萼和花冠与雄花同；子房卵形，长0.5～0.8厘米，宽0.4厘米，密被长柔毛，花柱长4～5毫米，柱头3，肾形，如图2-41所示。

图2-41　西瓜植株形态

果实大型，近于球形或椭圆形，肉质，多汁，果皮光滑，色泽及纹饰各式。种子多数，卵形，黑色、红色，有时为白色、黄色、淡绿色或有斑纹，两面平滑，基部钝圆，通常边缘稍拱起，长1～1.5厘米，宽0.5～0.8厘米，厚1～2毫米，花果期夏季。

我国大部分地区夏季漫长，暑热难熬，对西瓜、甜瓜的需求时间长、数量大，与其他果类相比，西瓜、甜瓜优势突出，所占夏季水果市场份额巨大。我国是最大的西瓜生产国，同时也是最大的西瓜消费国。2014年中国西瓜的播种面积达185.23万公顷，总产量达7484.3万吨。但是随着城乡居民日益增长的消费需要，我国瓜类消费正在从数量要求向质量要求过渡。

2.盐边西瓜概述

盐边西瓜产于四川省攀枝花市盐边县，是我国西南资源"金三角"区域的重要组成部分。农产品地理标志地域保护范围包括盐边县渔门、永兴、惠民、国胜、箐河、鱼鱼、红果、桐子林、红格、益民、和爱等11个乡（镇）。东至和爱乡东界，南至红格镇南界，西至永兴镇西

界，北至国胜乡北界。地理坐标为东经101°21′23″～101°58′45″，北纬26°21′23″～27°06′08″。保护面积15000公顷，年产量30万吨。

盐边西瓜历史悠久，《盐边县志》记载，1968年以来，李子、桃子、西瓜等分布于海拔1600～1800米的低中山区，种植零星分散。西瓜曾集中在惠民乡民主河坝种植的记载，距今已有近50年历史。盐边西瓜品质优良，以成熟早、皮薄、瓜瓤桃红色、肉质细腻带沙、多汁、纤维素少、不倒瓤、含糖量高、维生素C丰富、适口性好，远销成都、上海、北京、昆明、绵阳等大中城市，深受消费者的喜爱。20世纪80年代初，盐边西瓜已从原来惠民局部种植辐射到渔门、永兴、菁河、国胜、鳡鱼、红果、桐子林、益民、红格等10多个乡镇，年种植面积4.0万亩。1990年开始引进推广西瓜双膜覆盖栽培技术，1996年开始试验推广西瓜嫁接栽培技术。现已发展为阳畦嫁接育苗，以高温棚、大拱棚为主的双膜或多膜栽培。盐边县人民政府高度重视西瓜生产，2009年年西瓜生产正式纳入盐边县中北部地区农民致富的骨干产业，省、市把盐边县西瓜生产纳入二滩移民后期扶持的主要项目。已形成一个专业镇，27个专业村，注册了"溏民"商标。

3.盐边西瓜的主要品种

目前，盐边西瓜主要推广"京欣"和"甜王"两个品种。这两个品种在盐边县种植，适应性强，果型好、色调好、抗病力强、味道鲜、亩产量高、播种期长，深受种植户青睐。

（1）京欣。

京欣西瓜是指北京市农林科学院蔬菜研究中心育成的京欣系列西瓜品种，如京欣一号、京欣二号等。1985年由农业部立项引进日本专家森田欣一先生与北京市农林科学院蔬菜研究中心西瓜育种课题共同合作，在中心西瓜课题组已建立的自交系基础上，进行选配组合。在1985—1987年三年田间试验的基础上，1987年进行了区域试验，其中两个组合表现优良，同年间进行亲本繁殖，1988—1989年对其中一个组合进行了示范推广，在生产上反映极好，这一组合取名为"京欣一号"，其中的"京"指北京，"欣一"是森田欣一先生的名字，代表了中日合作的结晶。此后，北京市农林科学院蔬菜研究中心在此基础上不断改良创新，育成了一系列京欣西瓜新品种，统称为京欣西瓜。

该西瓜品种瓜圆、肉厚、沙甜、个重。一般的重7至15斤，瓜皮一般的厚1.5厘米左右，是制作蜜饯的原料，用它加工而成的西瓜酱清淳甜美，如图2-42所示。

（2）甜王。

现有的甜王品种中，以"纯品甜王"系列比较正宗，是原始的甜王原种，该品种保持原有的育种组合，未经后期改良（其他后期改良品种，丧失了原有品种的口感和糖度等优势），故口感风味纯正。

图2-42　京欣

"纯品甜王"西瓜的果型、品质都有明显的特征。比如，"纯品甜王"西瓜果型短椭圆型，瓜身上深墨绿色的花纹清晰。瓤色大红色，硬脆瓤；吃一口，肉质细嫩、纤维少、汁水多、爽口、口感好、无异味，并且产量较高。

该品种特点：植株长势健壮，耐重茬，抗枯萎病、炭疽病、病毒病。早熟性好，产量高，嫁接易亲合，易座果，花皮，青绿色果面有14～16条墨绿色齿状条纹，窄条带，附着一层微薄蜡粉，果实高圆形，整齐丰满性好，不宜厚皮，膨瓜快，瓜瓤转红快，果肉大红色，少籽，纤维少，果皮光滑坚韧，特耐裂，耐储运，九成熟采摘为宜，坐果后25～27天成熟，肉质细嫩，甜脆爽口，风味纯正，艳丽诱人，不倒瓤，中心含糖13～14.5度，梯度小，单果重10～12千克，最大瓜重可达18千克以上，亩产6000～7000千克，如图2-43所示。适合保护地、日光温室、拱棚、露地，该品种适合全国各地区早熟栽培，特受消费者欢迎。

图2-43　甜王

七、米易樱桃

　　樱桃是一种营养价值很高的核果类水果，尤其是铁元素的含量非常高，每100克樱桃果肉中铁含量多达59毫克，位居水果之首，有"果中珍品"的美誉。每年的3月中旬到4月底是米易樱桃开始成熟的季节，这也是全国最早成熟的樱桃，品种主要以四川籍樱桃品种黄草樱桃为主。当地特有的光热资源，造就了米易樱桃色泽鲜艳靓丽、味道酸甜浓郁，深受广大消费者喜爱，成为米易水果一张亮丽的名片，如图2-44所示。

图2-44　樱桃1

1.樱桃的特征特性

樱桃（英文名：cherry，拉丁学名：*Cerasus* spp.）属于多年生的乔木或灌木，在园艺学分类中，属于核果类果树。因品种不同，樱桃树植株高度跨度很大，从2米到25米都有分布，树皮为黑褐色或灰白色。嫩枝绿色，小枝灰棕色或灰褐色，叶片长圆状卵形或椭圆形，花序有花3~4朵呈伞形，花瓣倒卵形多为粉红色或白色，果实卵球形或球形，果肉红色或紫黑色，如图2-45所示。

图2-45　樱桃2

樱桃是蔷薇科、樱桃属几种植物的统称，樱桃属植物共有120多种，主要分布于北半球的欧洲、亚洲及北美的温和地带，全球主要栽培樱桃有中国樱桃［*Cerasus pseudocerasus* (Lindl.) G. Don］、欧洲甜樱桃［*Cerasus avium* (L.) Moench.］、欧洲酸樱桃（*Cerasus vulgaris* Mill.）和毛樱桃［*Cerasus tomentosa* (Thunb.) Wall.］等4种，生产上主要是中国樱桃、欧洲甜樱桃和欧洲酸樱桃。樱桃在我国栽培历史悠久，长达3000余年，早在周朝的古籍《礼记·月令》中就有关于樱桃的记载，但我国并不是樱桃的主产区。2020年全球樱桃种植面积约45.1万公顷，产量为268.7万吨；中国樱桃种植面积约1.1万公顷，产量为4.4万吨。我国是樱桃进口国，2020年樱桃进口数量为46769.2吨，出口数量为15.3吨。我国较稳定的樱桃主产区是山东烟台和辽宁大连，近几年四川的高海拔地区樱桃种植面积有持续增加的趋势。

2.米易樱桃概述

米易县的白马镇黄草村、普威绿野花村、草场仙山村、撒莲镇海塔村海拔高度1800～2000米，是攀枝花市最适宜樱桃的生长区域，所生产的樱桃最负盛名，现有樱桃种植面积近2万余亩（2018年种植面积1.82万亩）。当前最有名的樱桃品种是传统的樱桃品种黄草樱桃和引进的中国樱桃玛瑙红品种，如图2-46所示。

图2-46　樱桃3

（1）黄草樱桃是土生土长的四川籍樱桃，也是继攀越枇杷之后米易县第二个获得国家绿色食品认证的特色农产品。米易黄草樱桃，个小皮薄肉厚，色泽红润，晶莹剔透，娇嫩欲滴，口感酸甜浓郁，营养丰富，很受各年龄阶段消费人士喜爱，其中以米易县白马镇黄草回族自治村所产最为正宗。白马镇黄草回族村远离城市，距离最近的米易县城也有36千米，森林覆盖率85%，没有污染，海拔1800～2300米的樱桃种植地采用自然模式种植，自然山泉水灌溉，所产樱桃最接近自然风味。黄草樱桃相比于车厘子较不耐运输，想要品尝到最新鲜口感最好的樱桃最佳的方式就是在樱桃园进行现场采摘。每年4月20左右开始的黄草樱桃采摘节都会吸引大量的游客前来，不仅是米易周边，还有很多来自成都、重庆以及更远地区的市民自驾前往，品味最纯正的樱桃，如图2-47所示。

图2-47　玛瑙红樱桃宣传海报

（2）玛瑙红樱桃的发现可以追溯到1996年4月，贵州省纳雍县农业局的工作人员徐富军在果园里发现了变异植株，因该株樱桃树所结樱桃颗粒大、口感好，所以作为资源保留。经过多年的育种研究和试验，最终培育出樱桃新品种——玛瑙红樱桃。2011年12月，玛瑙红樱桃经过贵州省农作物品种委员会审定，确定了它的植物属性——玛瑙红樱桃属

中国大樱桃品系，果形椭圆、果色鲜红、果肉厚重，是樱桃中的优良品种，如图2-48所示。

图 2-48 玛瑙红樱桃

自2012年以来，米易县白马镇与攀枝花市农林科学院加强合作，先后引进国内先进中国樱桃品种15个，在米易县黑神庙华友家庭农场进行试种。米易县白马镇引种的中国樱桃玛瑙红品种具有果大、皮厚、耐储运、风味独特、抗高温的特点，得到广大种植农户及消费者的认可。截至2019年年初，白马镇黄草回族村、棕树湾彝族村共计改良和嫁接该樱桃品种接穗10万，新增大樱桃种植面积3000亩，为高山区农民增收、农业增效打下了坚实的基础。2019年4月26日，由米易县白马镇棕树湾彝族村选送的中国樱桃玛瑙红品种在中国樱桃年会及亚太樱桃产业发展论坛上受到评委和同行的高度赞扬，荣获铜奖。

3.米易樱桃产业发展现状

米易县有计划地发展樱桃产业，进行适地适种，发挥樱桃高附加值的产业优势，在脱贫攻坚和乡村振兴中发挥积极作用。以白马镇曾经的2个省级贫困村黄草回族村和棕树湾彝族村为例，在保持原有小樱桃这一支柱产业的前提下，不断进行品种改良更新换代，扩大"大樱桃"种植规模，全程采用有机农产品生产规范，精心打造"一村一品"。截至2019年5月，共嫁接"大樱桃"10万个结穗500余亩，挂果20余亩，计划还将发展3000亩，届时产值将达3000余万元。米易"大樱桃"在山东"大樱桃"下市，省内汉源、汶川"大樱桃"未上市时错峰开售，农户家中收购均价达70元/斤，超市零售价达98元/斤，确保农民收入。经种植"大樱桃"后，这两个曾经的省级贫困村产值达到130余万元，亩均产值突破6万元，帮助农民增收90余万元。同时，采摘体验参与度越来越高，2019年上半年共接待采摘体验游客达8000人次，实现旅游收入160万元，带动了乡村旅游经济的发展，促进了当地贫困群众增收致富，如图2-49所示。

图2-49　游客采摘樱桃

八、攀枝花米香蕉

攀枝花米香蕉，属于粉蕉的品种，是热带亚热带地区的重要水果，如图2-50所示。

小米蕉果肉芳香，蕉皮有青绿色和鹅黄色的，剥掉蕉皮，肉质呈鹅黄色，酸甜可口，芬芳扑鼻。

果实成熟味甜或略带酸味，但缺香气或微具香气，无种子或略带种子。不论山地或平地都可种植，我国广东、福建、台湾、广西等地也广泛种植。

图2-50　攀枝花米香蕉

　　香蕉富含钾离子，能促使人体保持钾钠和酸碱的平衡，有效防治低血钾症、心血管类疾病。从中医角度分析，香蕉性寒、甘、无毒，具有清热、润肺、安胎等诸多功效。现代医药学研究发现，香蕉含有多种功能活性成分。香蕉果

　　肉中富含多酚和类黄酮，具有抗氧化活性，可作为天然抗氧化剂。香蕉中含有的5-羟色胺、去甲肾上腺素等成分对人的情绪具有一定的调节作用，是抑郁症患者最佳的食用水果。成熟的香蕉富含低聚糖，有促进肠道蠕动、防治便秘的作用。

1.形态特征

　　米香蕉的外观与其他香蕉小的时候很像，几乎能以假乱真，也是生在芭蕉树上。米香蕉的皮是绿色的，摸上去手感滑润，如图2-51所示，就好像是在摸玻璃，皮还厚厚的，别看小米蕉那么娇小，它的皮可是又厚又黏，用手把小米蕉的皮掰开，里面的果肉就象玉米糖一样，颜色没有那么鲜艳，是平淡而又纯洁的乳白色，咬上一口，给人的感觉并没有那么甜，而是酸中带甜，咬起来也没那么松，就是糯糯的感觉。

图 2-51　攀枝花米香蕉原植物

2.营养成分

香蕉果肉富含糖类、蛋白质、维生素、微量元素等，可满足不同人群的营养需求。然而，香蕉品种和种植环境会影响其营养成分含量。小米蕉果肉的营养成分中，总糖为15.46%、还原糖为15.40%、总酸为0.22%；每100 克果肉中含有粗蛋白1.12 克、维生素C 20.21毫克、钾444.3毫克。与常见的几种亚热带水果的营养成分相比，香蕉具有较高的热量、碳水化合物和粗蛋白含量，而脂肪含量与其他水果相差不大。由于香蕉具有低脂肪、高热量的特点，适合过度肥胖者或年老病人食用。

九、红心火龙果

火龙果

火龙果是人民群众喜爱的热带水果，是继荔枝、龙眼、香蕉和芒果之后的亚洲第5大热带水果，可根据果肉和果皮颜色的不同分为红皮红肉、红皮白肉和黄皮白肉三类，种植上对土壤无特殊要求，投资见效快、抗旱耐贫瘠，其中红皮红肉火龙果（红心火龙果）具有较高的果肉丰味，是攀西地区主要发展的中高端水果品种之一，如图2-52所示。

攀果 *PAN GUO*

图2-52 红心火龙果

1.红心火龙果的特征特性

火龙果（英文名：Pitaya，拉丁学名：*Hylocereus undulatus* Britt.），是多年生攀援性的多肉植物，因其外表肉质鳞片似蛟龙外鳞而得名。植株无主根，侧根大量分布在浅表土层，同时有很多气生根，可攀援生长。根茎深绿色，粗壮，长可达7米，粗10~12厘米，具3棱。棱扁，边缘波浪状，茎节处生长攀援根，可攀附其他植物上生长，肋多为3条，每段茎节凹陷处具小刺，刺座沿着枝条边缘生长，每个刺座通常有1~3根刺，刺的形状主要为锥形或是针形，长度在2~10毫米之间，一般为灰褐色货黑色。花呈漏斗状，一般花长25~30厘米，直径为15~25厘米；果实为红色浆果，形状一般为长球形，果长为7~12厘米，果径为5~10厘米宽，果实上有较小的果脐，果肉为白色或红色。

大部分火龙果属于仙人掌科量天尺属［*Hylocereus undulates*（Haw.）Britt. Et Rose］的果树，其他则属于蛇鞭柱属（Seleniereus meja-lantous），果实为浆果，营养较为丰富，是老少咸宜的热带水果。火龙果有几百年的栽培历史，但大规模大范围的实行商业化栽培距今仅有10多年的时间。目前商业化栽培火龙果的国家与地区主要有哥伦比亚、尼加拉瓜、以色列、泰国、越南、中国等。中国最早引进火龙果进行栽培的地区是台湾省，据全国火龙果形势分析报告（2017）数据，我国火龙果种植面积有50~60万亩，主要集中在南方地区，其中以广西、广东、贵州、海南、云南、福建为主。攀枝花市火龙果商品化种植从2008年开始，近年来该产业已成为部分村社、个人经济增收的新亮点，目前全市种植面积4.7万亩，产量1.09万吨，总产值超7956万元，如图2-53、图2-54所示。

图 2-53　白心火龙

图 2-54　燕窝果

2.攀枝花红心火龙果概述

攀枝花市火龙果主要分布在海拔1400米以下的河谷区，截至2015 年11月全市已发展火龙果栽培面积5000多亩。主要分布在仁和区总发乡、大龙潭乡，盐边县桐子林镇和米易县撒莲镇等，以红皮红肉型自花授粉品种进行栽培生产；米易县白马镇、草场乡，仁和区平地镇、金江镇等以红皮白肉型及红皮红肉型人工授粉老品种进行栽培生产。攀枝花干燥、全年气温较高的自然条件十分适宜火龙果生长，从授粉到成熟仅35天左右，采收期

长，从5至11月可陆续结6~8批果上市，红心火龙果在本地种植，非常有利于均衡上市销售。

米易县周边及金江镇火龙果种植农户目前产值达7000~13000元/667平方米，纯利润达3000元/667平方米以上；位于仁和区大竹河水库旁的箐河农业火龙果基地，是四川省最大的自然栽培火龙果基地，现有种植园区14个，面积1180亩，其中火龙果1120亩。基地种植出了具有全球海拔最高、全国纬度最北、全国品质最优三大特点的"攀西大地红"红心火龙果。2016年攀枝花箐河农业公司基地取得火龙果种植有机转换认证证书，如图2-56所示。

图2-55　攀西大地红火龙果基地

攀西大地红火龙果种植基地是2015年开始大面积种植火龙果的，在2018年取得了蔬果最高等级的有机产品证书。在火龙果培育方面，基地负责人与中国热带农业科学院、广西农林科学研究院合作，先后从中美洲、台湾、广西等地引进火龙果品种20多个进行优选优育。经过多年实践，最终培育出了适合在仁和区生长的"攀西大地红1号""攀西大地红2号"两个具有攀西特色品牌的有机火龙果，如图2-56所示。

图 2-56 攀西大地红 1 号火龙果

　　火龙果除了味道好、口感佳、健康有营养，还具有很强的食用价值，它开出的花也是不遑多让的。火龙果花因夕开朝谢，有着"夜仙子"的美称。每年5至11月，都是火龙果花期。火龙果花只在夜晚盛开，约10个小时后开始凋零，如同昙花一现，可谓"玉颜不许他人赏，孤芳只与朗月知"。除了观赏性高，火龙果花还富含植物蛋白、多种维生素、花青素、低聚糖和水溶性膳食纤维，营养丰富，干花常用于煲汤，如图2-57所示。

图 2-57 火龙果花

十、荔枝

荔枝（英文名：lychee，拉丁名：*Litchi chinensis* Sonn.）是无患子科、荔枝属常绿乔木。

荔枝原产于中国，是岭南地区有名的佳果，大都分布在北纬15°～25°的地区，且种植区域还需要属于无霜区域。而在我国荔枝的种植，主要分布在东南地区、华南地区等地带。现阶段，我国荔枝则主要产于福建、广东等地区，为当地的经济发展带来了极大的影响。荔枝营养丰富，含葡萄糖、蔗糖、蛋白质、脂肪以及维生素A、B、C等，并含叶酸、精氨酸、色氨酸等各种营养素，对人体健康十分有益。荔枝与香蕉、菠萝、龙眼一同号称"南国四大果品"。荔枝味甘、酸，入心、脾、肝经，可止呃逆、止腹泻，是顽固性呃逆及五更泻者的食疗佳品，同时有补脑健身，开胃益脾，有促进食欲之功效。因性热，多食易上火。荔枝木材坚实，纹理雅致，耐腐，历来为上等名材。

荔枝产于中国南方，它在中国的栽培和使用历史，可以追溯到两千多年前的汉代。中国荔枝主要分布于北纬18°～29°，广东栽培最多，福建和广西次之，四川、云南、重庆、浙江、贵州、台湾等省也有少量栽培。亚洲东南部也有栽培，非洲、美洲和大洋洲有引种的记录。荔枝的栽培品种很多，以

图2-58　荔枝1

成熟期、色泽、小瘤状凸体的显著度和果肉风味等性状区分。著名的品种如广东的兰月红、玉荷包（早熟）；黑吐，怀枝（中熟）；挂绿、糯米糍（晚熟）等。福建的名品有状元红、陈紫和兰竹等，兰竹不仅品质好，而且适于山区种植。此外四川的大红袍和楠木叶也是该地的名品。攀枝花盐边县是攀枝花荔枝的主要产地，如图2-58所示。

1.荔枝的特征特性

荔枝树高约10米，有时可达15米或更高，树皮灰黑色；小枝圆柱状，

褐红色，密生白色皮孔。叶连柄长10～25厘米或过之；小叶2或3对，较少4对，薄革质或革质，披针形或卵状披针形，有时长椭圆状披针形，长6～15厘米，宽2～4厘米，顶端骤尖或尾状短渐尖，全缘，腹面深绿色，有光泽，背面粉绿色，两面无毛；侧脉常纤细，在腹面不很明显，在背面明显或稍凸起；小叶柄长7～8毫米。花序顶生，阔大，多分枝；花梗纤细，长2～4毫米，有时粗而短；萼被金黄色短绒毛；雄蕊6～7，有时8，花丝长约4毫米；子房密覆小瘤体和硬毛。果卵圆形至近球形，长2～3.5厘米，成熟时通常暗红色至鲜红色；种子全部被肉质假种皮包裹。花期春季，果期夏季，如图2-59、图2-60所示。

图2-59　荔枝2

图2-60　荔枝3

2.攀枝花荔枝主要品种

（1）糯米糍。

又名米枝，为价值较高的品种，也是闻名中外的广东特产果品。果实呈心脏形，近圆形，果柄歪斜为其品种特征；初上市黄腊色，一到旺期鲜红色；龟裂片大而狭长，呈纵向排列，稀疏，微凸，缝合线阔而明显；果顶丰满，蒂部略凹；肉厚，核小，陶色黄白半透明，含可溶性固形物达20%，味极甜，香浓，糯而嫩滑，品质优良，为消费者喜爱的品种。最适宜鲜食和制干，7月上旬成熟。

（2）妃子笑。

四川叫铊提，台湾称绿荷包或玉荷包。妃子笑的特点是果皮青红，个大，肉色有如白蜡，脆爽而清甜，果核小。传说当年唐明皇为博杨贵妃一笑，千里送的荔枝就是妃子笑。

（3）挂绿。

挂绿为广东增城荔枝中的优等品种，也是广东荔枝的名种之一。清朝时列为贡品。《岭南荔枝谱》记载，其果"蒂旁一边突起稍高，谓之龙头；一边突起较低，谓之凤尾。熟时红装相间，一绿线在贯到底，改名"。果实大如鸡印，核小如豌豆；果皮暗红带绿色；龟裂片平，缝合线明显；肉厚爽脆，浓甜多汁，人口清香，风味独好。6月下旬至7月上旬成熟。

十一、柠檬

学　　名：*Citrus limon (L.)Burm. f.*

英文名：Lemon

别　　名：柠果、洋柠檬、益母果

植物学分类：芸香科柑橘属

柠檬是芸香科柑橘属常绿小乔木，是柑橘类中最不耐寒的种类之一。适宜于冬季较暖、夏季不酷热、气温较平稳的地方栽种。其原产于东南亚，15世纪时。阿拉伯人带往欧洲，现主要产地为美国、意大利、西班牙、希腊。福建、广东、广西、台湾等地也有栽培。

柠檬的常见品种有尤利卡（Eureaka）、里斯本（Lisbon）、热内亚（Genoa）等。目前，市场主要的柠檬品种以尤利卡和无子籽柠檬（莱姆）为主。由于气候关系，所生产的柠檬果皮呈绿色或黄绿色，但在常温下果皮仍会渐渐转为黄色，如图2-61所示。

图2-61　柠檬

尤利卡的果实两端尖，果皮厚，直径5.5～6.0厘米，植株较不耐热。尤利卡果汁率高，可达35%以上，种子5粒，该品种常年开花结果，故俗名"四季柠檬"。莱姆品种果实圆，无尖端，果皮黄绿色，皮薄、平滑、紧密，果长约6.4厘米，果径约5.9厘米，果肉浅绿色，质软多汁，具有清香味，平均果重60～150克。植株耐热但不耐低温。

柠檬果实含有丰富的维生素、矿物质、香精油、生物碱和有机酸等营养物质，每100毫升柠檬果汁中含有柠檬酸6.9克、蛋白质0.9克、脂肪0.2克、维生素C76毫克及丰富的矿物质元素，此外还含有柠檬苷、柠檬烯等。具有开胃健脾、滋润养颜、化痰止咳、去腥去腻等功效，被誉为保健佳果。

十二、菠萝蜜

1. 形态特征

菠萝蜜，为桑科菠萝蜜属的常绿乔木，原产印度南部。高10~20米，胸径达30~50厘米；老树常有板状根；树皮厚，黑褐色；小枝粗2~6毫米，具纵皱纹至平滑，无毛；托叶抱茎环状，遗痕明显。

叶革质，螺旋状排列，椭圆形或倒卵形，长7~15厘米或更长，宽3~7厘米，先端钝或渐尖，基部楔形，成熟之叶全缘，或在幼树和萌发枝上的叶常分裂，表面墨绿色，干后浅绿或淡褐色，无毛，有光泽，背面浅绿色，略粗糙，叶肉细胞具长臂，组织中有球形或椭圆形树脂细胞，侧脉羽状，每边6~8条，中脉在背面显著凸起；叶柄长1~3厘米；托叶抱茎，卵形，长1.5~8厘米，外面被贴伏柔毛或无毛，脱落，如图2-62所示。

图2-62 菠萝蜜1

花雌雄同株，花序生老茎或短枝上，雄花序有时着生于枝端叶腋或短枝叶腋，圆柱形或棒状椭圆形，长2~7厘米，花多数，其中有些花不发育，总花梗长10~50毫米；雄花花被管状，长1~1.5毫米，上部2裂，被微柔毛，雄蕊1枚，花丝在蕾中直立，花药椭圆形，无退化雌蕊；雌花花被管状，顶部齿裂，基部陷于肉质球形花序轴内，子房1室。

聚花果椭圆形至球形，或不规则形状，长30～100厘米，直径25～50厘米，幼时浅黄色，成熟时黄褐色，表面有坚硬六角形瘤状凸体和粗毛；核果长椭圆形，长约3厘米，直径1.5～2厘米。花期2—3月。

菠萝蜜果实味甜、香气浓郁、营养丰富，每100克鲜果含蛋白质0.31克、还原糖5.23克、维生素C5.39毫克。果实还可以加工成脆片、糕点、饮料和菜肴配料等。菠萝蜜树体木质细密、色泽鲜黄、纹理美观，是优良家具和建筑用材，如图2-63所示。

图2-63　菠萝蜜2

2. 分布范围

菠萝蜜原产印度西高止山。中国广东、海南、广西、福建、云南（南部）常有栽培，尼泊尔、印度、不丹、马来西亚也有栽培。

3. 生长环境

菠萝蜜喜热带气候，适生于无霜冻、年雨量充沛的地区。喜光，生长迅速，幼时稍耐荫，喜深厚肥沃土壤，忌积水。

十三、柑橘

学　名：*Citrus reticulata Blanco.*
英文名：Tangerine
别　名：乳柑、橘子、宽皮橘、蜜橘、红橘等
植物学分类：芸香科柑橘属

柑橘属于芸香科（Rutaceae），是世界栽培最广泛的果树种类之一，主要分布于南、北纬35°以内的热带、亚热带地区。我国柑橘栽培历史悠久，长达四千多年。柑橘、橙、和柚统称为柑橘类果树，为多年生常绿果树。我国柑橘品种资源丰富，素有世界柑橘资源宝库的殊荣。目前栽培的柑橘主要是柑橘属（Citrus Linn）、枳属（Poncirus Raf）、金柑属（Fortunella Swingle）的品种。

柑橘果实不仅营养丰富，而且色、香、味三绝，汁多爽口、味甜浓郁，柑橘与茶、咖啡齐名，被誉为世界三大饮料之一。柑橘果实含有丰富的营养物质，100克的可食部分中，含糖12克，蛋白质0.9克，脂肪0.1克，维生素C16～116毫克，尼克酸0.3毫克，粗纤维0.2克，无机盐0.4克，钙26毫克，磷15毫克，热量230J，胡萝卜素仅次于杏，比其他水果都高。柑橘果实还含有多种维生素，除维生素C外，还含有维生素B1、维生素B2和维生素P等。

第三章　次要品种

一、攀枝花龙眼

龙眼，俗称桂圆，是名贵的亚热带水果之一。其肉质肥美、香甜可口，葡萄糖、维生素和多种矿物质含量丰富，其中铁元素含量较高，能促进人体产生血红蛋白，缓解血气不足，受到广大消费者喜爱。攀枝花龙眼在7—8月上市，是当地较有特色的夏季水果之一。

图3-1　龙眼

龙眼（学名：*Dimocarpus longan* Lour.）常绿乔木，在园艺学分类中属于浆果类果树。龙眼植株高大，成年植株可达20米左右，胸径1米。枝条粗壮树皮粗糙，黄褐色，散生苍白色皮孔，有不规则纵裂。叶片长圆状椭圆形至长圆状披针形，对生，两侧常不对称，小叶4～5对，叶片数多为偶数，呈羽状。花序圆锥形，花朵顶生或腋生，雌雄同株异花，3—4月份开花，花朵黄或乳白色；雌花具5瓣，雄花蕊针状柱形。果实球形，7—8月份结果，果壳褐色或淡黄色，果肉白色透明，种子有毒，黑褐色，光亮。

龙眼是无患子科龙眼属植物，原产我国华南地区，分布于广东、福建、广西、台湾、云南、海南、贵州、四川等省份，广东、广西和福建是我国龙眼最主要的产区，主要栽培品种有石硖龙眼（3个品系：黄壳石硖、青壳石硖、宫粉壳石硖）、储良龙眼、东边勇龙眼、石夹龙眼、古山二号龙眼等。中国和泰国是世界龙眼两大主产国，南亚和东南亚的其他国家也有少量栽种。尽管我国也是世界龙眼主产区，但是我国鲜食龙眼市场巨大，从2018年以来鲜食龙眼进口量逐年增加，每年进口量远大于出口量。泰国是我国进口鲜龙眼的主要国家，2020年进口泰国鲜龙眼34.21万吨，占进口总量98.68%。四川有小面积的龙眼种植，其中泸县种植面积20.3万亩，2020年总产量达到10万吨，种植面积和产量都位居四川省第一。

1.攀枝花龙眼概述

龙眼对生长环境要求较高，一般生长在气候温暖、无霜冻、光照充足的亚热带地区，攀枝花地区的气候条件均符合龙眼的生长要求，为龙眼的引种提供了优越的天然条件。1995年以来攀西地区开始迅速发展龙眼种植，最高峰时攀枝花市种植有几万亩，但随着其他热带水果种植的影响，尤其是芒果种植面积的扩大，当前攀枝花龙眼仅有几千亩的种植面积，品种以青壳石硖龙眼为主，如图3-2、图3-3所示。

图3-2　龙眼（桂圆）

图3-3　龙眼花

攀枝花市龙眼规模化种植主要分布在仁和区和盐边县。2017年在农业部办公厅印发的《关于公布2017年热作标准化生产示范园创建单位名单的通知》中，攀枝花市平丰农业家庭农场有限公司的四川省攀枝花市仁和区仁和镇龙眼标准化生产示范园入围创建名单，仁和区政府每年都将龙眼的生产和加工作为当地的特色水果之一。盐边县龙眼种植地主要集中在本县南部的红格、桐子林、益民、新九、和爱等乡镇，种植面积约2000亩。因攀枝花地区光照充足，昼夜温差大等气候特点，所产龙眼甜度高、香味浓、果肉嫩、颗粒饱满，尽管总产有限，但是市场价格高，每年为种植户带来不菲的收入。

二、务本油桃

油桃，又名桃驳李。油桃是普通桃（果皮外被茸毛）的变种，是一种果实作为水果的落叶小乔木。油桃源于中国，在亚洲及北美洲皆有分布。

1.油桃的生物学特征

油桃是落叶小乔木，叶为窄椭圆形至披针形，长15厘米，宽4厘米，花单生，从淡至深粉红或红色，有时为白色，有短柄，直径4厘米，早春开花；近球形核果，肉质可食，为橙黄色泛红色，直径7.5厘米，有带深麻点和沟纹的核，内含白色种子。树皮暗灰色，随年龄增长出现裂缝；油桃的叶片长圆披针形、椭圆披针形或倒卵状披针形，长7～15厘米，宽2～3.5厘米，先端渐尖，基部宽楔形，上面无毛，下面在脉腋间具少数短柔毛或无毛，叶边具细锯齿或粗锯齿，齿端具腺体或无腺体；叶柄粗壮，长1～2厘米，常具1至数枚腺体，有时无腺体。

油桃的核在成熟后易分离，种子一般不能发芽。桃李等水果的核一般含有极少量的氰类物质，稍有毒，但不足以致发不良反应，并无大碍。花先于叶开放，直径2.5～3.5厘米；花梗极短或几无梗；萼筒钟形，被短柔毛，稀几无毛，绿色而具红色斑点；萼片卵形至长圆形，顶端圆钝，外被短柔毛；花瓣长圆状椭圆形至宽倒卵形，粉红色，罕为白色；雄蕊约20～30，花药绯红色；花柱几与雄蕊等长或稍短；子房被短柔毛。

油桃果实表皮是无毛而光滑的、发亮的、颜色比较鲜艳，好象涂了一层油；普通的桃子表皮有绒毛，颜色发红或微黄，无亮光。其他任何桃的表面都是有毛的，但是油桃因其表面光滑如油、无毛，与苹果、李子的表

面一样光滑，如图3-4所示。

图3-4　油桃

2.攀枝花务本油桃种植概述

中国的油桃生产起步较晚，早期的品种多引自欧美，味道较酸，由于不太符合东方人的消费习惯，在生产上的影响有限，也给人们留下了"油桃是酸的"的印象。但油桃的营养价值高，富含维生素，有很高的食用价值。攀枝花乌拉村最早于1997年引进油桃并大面积种植，目前共有桃林2500余亩，以五月阳光、早红株品种为主。目前攀枝花油桃栽培推广的油桃优良品种主要有：中油系列（中油13、中油14）、五一阳光、早美光、法宝太、美味、72号、76号、丽格兰特等。攀枝花市的仁和、盐边、米易等地海拔在1600米以上的乡镇均有种植，仅仁和区务本乡油桃种植面积达2000亩，年产油桃6000吨，如图3-5所示。

图3-5　攀枝花上市的油桃

其中广泛种植的中油14号，由中国农业科学院郑州果树研究所选育而成。果实近圆形，对称性较好，缝合线较浅，果顶平，梗洼浅窄。平均单果重152克，最大单果重263克。果实整齐度好，果皮底色为黄色，果面全面着玫瑰红色。果肉黄色，硬溶质。质地细，含可溶性固形物11.8%，味甜。半粘核，核中等大。不裂果，品质上等，特丰产，耐贮运。树势中庸，能自花结实，以中长果枝结果为主，抗病力强。该品种，是一个值得大力推广的甜油桃新品种。

攀枝花广泛栽培的新泽西油桃72号，原产于美国新泽西州。果实圆球形，果顶微凹。平均单果重75克左右。缝合线明显，中深，两侧对称。果皮全面深红色，光滑而有光泽，外观美丽。果皮中厚，易剥离。果肉橙黄色，肉质细，在商品采收期(7成熟)脆硬。完熟时柔软多汁，酸甜微香，风味浓郁，无裂果、烂顶现象。总糖含量为8.98%～12.5%。黏核。6月上旬果实成熟上市。植株生长势中庸，树姿半开张。花大型，有花粉。当年春定植，株行距为2×4米，翌年全部开花，平均单株着花150朵，最多的达228朵，坐果率为24.5%。定植第四年时，株产果实12.5千克，每亩产量为1500千克以上。幼树以长、中果枝结果为主，花芽多单生于果枝的中上部。随着树龄的增长结果节位下降，变为以中、短果枝结果为主。

三、攀枝花圣女果

圣女果（*Solanum Lycopersium* Var.cerasiforme)是茄科茄属的一种水果。

圣女果是茄科、番茄属植物，又称小西红柿、小番茄果、樱桃番茄等，既可作蔬菜又可作水果，其中维生素含量是普通番茄的1.7倍。圣女果为茄科番茄属的一年生草本植物，适应性强，抗性好，喜钾肥，喜光，对水分要求较多，空气相对湿度以45%～50%为宜，在我国一年四季均可栽培。因其外观玲珑可爱，含糖度很高，口味香甜鲜美，风味独特而广受消费者喜爱，如图3-6所示。

图3-6　圣女果的形态

圣女果的根系发达，再生能力强，植株生长强健。叶为奇数羽状复叶，小叶多而细，由于种子较小，初生的一对子叶和几片真叶要略微小于普通番茄。果实直径1～3厘米，色泽鲜艳，有红、黄、绿等果色，单果一般重为10～30克。果实以圆球型为主，味清甜，无核，口感好，营养价值高且风味独特。圣女果属于喜温型果蔬，种子发芽的最佳温度为25℃～30℃，生长期温度为20℃～25℃，结果期温度为15℃～25℃。圣女果喜爱阳光，缺少光照就会造成落花，水分是前期少后期多。

四、攀枝花甜瓜

甜瓜果实香甜，营养成分丰富，富含葡萄糖、淀粉，少量蛋白质、矿物质及维生素。果肉生食，可止渴清燥，消除口臭，是炎炎夏日消暑的必备佳果。攀枝花市丰富的光热资源及昼夜温差，造就了当地甜瓜独特的风味口感。

1.甜瓜的特征特性

甜瓜（英文名：melon，拉丁学名：*Cucumis melo* L.），又称香瓜、哈密瓜等，是葫芦科一年生蔓性草本植物。甜瓜根系健壮，主根可达1米以上，侧根分布直径2～3米。茎有棱，被短刺毛，卷须纤细。单叶互生，叶片近圆形或肾形，被白色糙硬毛。一般花单性，雌雄同株，腋生，虫媒花，花瓣多为为黄色。果实形状多样，有长筒、纺锤、圆球、椭圆球等；成熟的果皮颜色有白、黄、绿、褐色，果皮或附有不同色条纹和斑点。果皮表面光滑或具网纹、裂纹、棱沟。果肉白色、橘红色、绿色等，具有香甜气味。种子乳白色或黄白色，披针形或扁圆形，大小不同。花果期都在夏季。

甜瓜原产地是印度和非洲的热带沙漠地区，北魏时期连同其他瓜果一同传入中国，从明朝开始全国广泛种植，当下全国各地均有栽培。按照植物学的分类方法，甜瓜可分为硬皮甜瓜、网纹甜瓜、柠檬瓜、冬甜瓜、蛇形甜瓜（菜瓜）、观赏甜瓜、香瓜和越瓜等8个变种。我国按生态学特性又把甜瓜分为厚皮甜瓜与薄皮甜瓜两种；按甜瓜的外表来分，市场上主要有网文甜瓜、白皮甜瓜和黄皮甜瓜三种。据联合国粮食与农业组织统计数据，我国是全世界最大的甜瓜生产国和消费国，2019年我国甜瓜产量占全球甜瓜总产量的49.24%，稳居世界第一。近几年，我国甜瓜种植主要是西北、中南和华东，其中种植面积排名前三的省区是新疆、河南和山东，如图3-7、图3-8所示。

图3-7　甜瓜1

图3-8　甜瓜2

2.攀枝花甜瓜概述

厚皮甜瓜喜温喜光，耐热耐旱怕涝，在攀枝花市具备优越的自然条件。当前，攀枝花市主打早熟厚皮甜瓜，每年的4月中下旬开始上市。1985年起开始有计划地引入新疆厚皮网纹甜瓜，1997年前主要采用露地直播栽

培方式种植；1997年后以仁和区福田镇为发展基地，依托四川省农业科学院园艺研究所的科技支持，在生产栽培方式上进行技术革新，采用嫁接育苗、小拱棚双膜覆盖、双蔓整枝等早熟丰产栽培技术，配套当地的病虫害综合防治办法，选择早熟厚皮网纹甜瓜品种川园一号和早熟光滑皮品种玉金香为主栽甜瓜品种。当下，仁和区福田镇是攀枝花市甜瓜的主要栽培地区，有几百亩的种植面积，在西区和米易县也有零星种植。仁和区"十三五"和"十四五"的农业发展规划中将甜瓜也作为特色水果进行开发，由于受其他优势水果产业发展的影响，不做区域布局规划。甜瓜销售渠道主要有两部分，一部分销往攀枝花市区的市场和酒店，另一部分则通过电商平台（微信、淘宝、京东、抖音等）进行销售。此外，五一假期会有大量市民自驾前来采摘，也成为瓜农增收的有益补充。

3.主要栽培品种川园甜瓜

川园甜瓜为四川省农业科学院园艺研究所用M27甜瓜自交系作母本、M365作父本配组选育而成。果实高圆形，果形指数1.07，果皮黄绿色，网纹灰白色，细密全网纹，外形美观，果肉清白色，肉厚腔小，质地脆细；平均单瓜重2.0千克。坐果整齐，坐瓜力强。平均产量每亩2500千克，适宜在四川盆地内平坝、丘陵地区设施大棚和攀西地区露地栽培。

五、米易山竹

水果山竹是金丝桃科莽吉柿（*Garcina mangostana* L.）藤黄科，常绿乔木山竹 (Garciniamangostana) 的果实，又名山竹子。原产于印度尼西亚和马来西亚，是一种典型的热带水果，主要分布于泰国、越南、马来西亚、印度尼西亚、菲律宾等东南亚国家。1919年中国台湾首先引种山竹，而后东南沿海省份也相继进行栽培。攀枝花市米易利用当地特殊的内陆亚热带气候，引进山竹进行培育，丰富了本地水果市场。

1.山竹的特征特性

山竹寿命长达70年，但生长缓慢，从栽培到结果需要七八年的时间，果实成熟期为5—10月，以8—10月产量较高。山竹树高达10米；叶长椭圆形，厚革质，先端渐尖，全缘；花径约5厘米，萼片4片，花瓣4片，肉质，粉红色；果实球形，直径6～8厘米，深紫红色，果壳厚而韧，含单宁，可以入药；果柄处有4片硬而内卷的大型革质萼片；果顶有星状花纹，有4～8瓣不等。剖开果实，内有5～8瓣色雪白、柔软多汁的果肉，是食用的主要部分，果肉内还有可食用种子，如图3-9、图3-10、图3-11所示。

图3-9 山竹

图3-10 山竹树

图3-11 山竹果实

2.米易县与山竹种植的地理适应性概述

米易县位于攀枝花市东北部，安宁河与雅砻江交汇区，介于北纬26°42′～27°10′，东经101°44′～102°15′之间，辖区面积2153平方千米。米易县城海拔1100米，人口集中居住区平均海拔1300米左右，属南亚热带为基带的干热河谷立体气候，拥有得天独厚的光热资源，年均气温20.5℃、日照2700小时、降雨量1110毫米，干、雨季分明而四季不分明，河谷区全年无冬，秋、春季相连，夏季长达5个多月，是天然的大地温室和全国少有的热作区，极适合山竹的生长。

四、平地杨梅

平地镇是攀枝花市仁和区少数民族乡镇之一，全镇幅员面积182.7平方千米，居住着彝、汉、傣、白等民族，总人口数14857人，少数民族人口12677人，少数民族人口占全镇人口的85%，是全区少数民族所占比例最大的镇。2010年，地方财政收入450万元，农民人均纯收入6251元。平地镇特色水果杨梅，约从2001年开始推广种植，主要生长于波西村和辣子哨村，每年5月中旬成熟，种植面积超500亩。

图3-12　杨梅1

1.杨梅的特征特性

杨梅属于木兰纲、杨梅科、杨梅属常绿乔木，又称圣生梅、白蒂梅、树梅，具有很高的药用和食用价值，在中国华东和湖南、广东、广西、四川等地区均有分布。杨梅原产中国浙江余姚，1973年余姚境内发掘新石器时代的河姆渡遗址时发现杨梅属花粉，说明在七千多年以前该地区就有杨梅生长。杨梅属有50多个种，中国已知的有杨梅、毛杨梅、青杨梅和矮杨梅等，经济栽培主要是杨梅，如图3-13所示。

图3-13 杨梅2

2.平地镇杨梅概述

平地镇属亚热带为基带的立体气候，其特点是夏季长，四季不分明，旱、雨季分明。多年平均气温16℃。无霜期年平均300天。年平均日照时数2930小时。年平均降水量1000毫米。平地镇地势西高东低，南高北低。境内最高点位于方山顶，海拔2367米；最低点位于波西村师庄，海拔937米。波西村杨梅是攀枝花市的特色水果之一，以肉厚、汁多、味甜、核小著称。作为主要发展产业的平地镇波西村，村中各处可见杨梅采摘园，每年5月都要举办杨梅节，充满地方特色，是当地一道美丽的风景线，如图3-14所示。

图 3-14　波西村杨梅节

五、攀枝花鸡血李

攀枝花鸡血李，为中国李(*Prunus Salicina* Lindl.)中的一个栽培树种，树高3～5米，植株直立，小枝光滑无毛，生长于路旁、房屋周围及低山地区。叶片小，倒阔披针形，先端锐尖，叶基近圆形，叶缘具细锐锯齿。果实圆形或心脏形，果顶圆平，顶点微突，缝合线中深，两半部对称，梗洼圆形。果皮红色或紫红色，外着白色果粉，果肉浅红色或红褐色，果大，平均单果重30.5克，肉厚，汁多，味酸甜，可溶性固形物含量15.2 %，具浓香味。黏核，品质上等，宜鲜食。

1.植物形态

攀枝花鸡血李，又名红李。落叶乔木。树形尖塔状，枝直上，幼时光滑。单叶互生；叶片长椭圆状披针形，长7～10厘米，先端渐尖，边缘有钝齿，平滑无毛，上面淡绿色，下面具网脉；叶柄短，上有2～4个腺体。花单生或3朵簇生，有短花梗，花白色，径2～2.5厘米；萼片5；花瓣5；雄蕊无数；雌蕊1，花柱长。核果近圆形，略扁，直径3～5厘米，紫红色，缝痕颇深，果梗较短，果肉红褐色，亦有带黄色者，核小而粗糙，半倒形与果肉紧贴。花期3—4月，果期6—8月，如图3-15所示。

图 3-15　攀枝花鸡血李

2.化学成分

李属植物的化学成分包含多酚类黄酮、酚酸、植物甾醇、萜类、脂肪族类化合物、芳香族类化合物等挥发性成分、类胡萝卜素、脂肪油类、苷类、氨基酸、维生素、以及 Na、P、K、Ca、Mg、Fe、Zn、Mn 和 Cu 等多种微量元素矿物质。

六、凤梨释迦

释迦果，又称佛头果，为番荔枝科番荔枝属多年生半落叶性小乔木植物。世界五大热带名果之一，原产于热带美洲，喜爱温暖干燥的环境，多栽种于热带地区。因其形状像佛教中释迦牟尼的头型，故取名"释迦"，又因为自"番邦"引入，故又称为"番荔枝"。成熟时呈淡绿黄色，外表被以多角形小指大之软疣凸起（有许多成熟的子房和花托合生而成），果肉呈奶黄色，肉质柔软嫩滑，甜度很高。目前全世界我国台湾栽植最多，每年到释迦盛产的季节，台东县都要特别举办释迦节活动，邀请各方人士品尝这种味道鲜美的水果。释迦品种约略分为土种释迦（原生种）、软枝释迦、大旺释迦、旺来释迦 Atemoya（凤梨释迦）。

凤梨释迦由于甜酸适中，风味甚佳，营养极其丰富，具有养颜美容、补充体力、健强骨骼、预防坏血病、增强免疫力、抗癌等作用，甚为消费者所喜爱，而且经济价值高，为具有发展潜力之少数果树之一。

1.凤梨释迦的特征特性

半落叶性小乔木，根系浅生，主根不发达，侧根、须根多，根系主要分布在15～35厘米的土层。花芽着生于枝梢叶腋，花为雌、雄两性同花，每朵花有3片肥厚的外轮花瓣和3片退化为内轮花瓣，呈浅黄色，向下垂，花瓣内有半珠状雄蕊群环绕雌蕊颈部，着生细小雄蕊。果实为聚合果，由数十个小瓣组成，每个瓣里含有一颗乌黑晶亮的小核，呈圆形或圆锥形，未熟果为绿色，成熟果呈淡黄绿色。果肉奶黄油色或乳白色，呈乳蛋糕状，如图3-16、图3-17、图3-18所示。

图 3-16　凤梨释迦 1

图 3-17　凤梨释迦 2

图 3-18　凤梨释迦 3

　　凤梨释迦对土壤适应性较广，各种土质均能生长，以肥沃壤土和沙质壤土、pH值5.5～6.5为最好。排水不良、地下水位高、渍水地容易发生根腐病，生长不良，严重的整株死亡。在干燥的环境下尚可生长，但长势差。在生长期间，最好土壤要保持湿润，相对湿度以89%有利开花结果。光照充足生长较好，但也能耐阴，不过会影响产量。

2.凤梨释迦栽培品种

　　非洲骄傲（英文名：African Pride）：该品种树姿开张，生长旺盛，早结丰产，较耐低温，在0℃时也无明显冻害。平均单果重380克，可溶性固形物含量25%，总糖18.3%，酸度0.37%，风味香甜，无需人工授粉，无大小年，稳产高产。在海南、广东湛江和广州、广西南宁、台湾南部地区等地表现很好，是中国改良和发展番荔枝的首选品种。

　　吉纷娜（英文名：Gefner）：该品种生长势旺，枝梢、叶片都特别大，叶面具茸毛。果实大，平均果重290克，顶端小果扁平，下部小果尖突。果皮薄，肉白而细嫩，种子少。可溶性固形物为27%，略具酸味，产量高，品质好。缺点是果实裂果较严重。

　　粉红巨物（英文名：Pink's Mammoth）：该品种果实极大，平均单果重520克，种子极少，品质优；但由于结果迟，产量低，不稳产，且果形不端正，难包装，而渐受市场冷落。

　　喜拉里怀特（英文名：Hillary White）：该品种为粉红巨物的芽变，其平均单果重为440克，低于"粉红巨物"，种子也稍多于"粉红巨物"，

但该品种较"粉红巨物"稳产、丰产、早产，果实果形端正，极受市场青睐，其缺点是需人工授粉。

3.凤梨释迦的营养价值和药用价值

释迦果营养极丰富，热量极高，可以有效地补充体力，并且能美容养颜、补充体力、清洁血液、健强骨骼、预防坏血病、增强免疫力、抗癌。自古称为上等滋补品，营养价值极高。释迦果肉乳白色，富含维生素及蛋白质、铁、钙、磷等。释迦果中富含的"番荔枝内脂"具有很强的抗肿瘤活性，所以释迦果被喻为"抗瘤之星"。日本人认为释迦果是世界上含维生素C最多的水果。老年人常吃释迦果，可保护心血管。但因其糖分极高，减肥和糖尿病患者，不宜多食。

释迦果种子、叶片、树皮均含有生物碱，可治疗赤痢。释迦种子含有黄色干性油，可以用来杀虱洗发。叶片磨成粉末可治疗癣疥及做为拔浓剂。

释迦果具有激活脑细胞的功效，在国外常用来治疗脑萎缩。患者经常食用释迦js，对于病症的减轻有明显的辅助食疗作用，此外，释迦纤维含量较高，能有效地促进肠蠕动，排泄积存在肠内的宿便，同时，它还是最佳的抗氧化水果，能够有效延缓肌肤衰老，美白肌肤。

七、攀枝花牛油果

牛油果

牛油果，又名鳄梨、奶油果、酷梨，有"森林黄油"之美称。因其果实含油量高，热带美洲人把它当作粮食食用，牛油果是一种集食、粮、油于一身的保健果品，成为引人瞩目的热带亚热带新兴果品，吉尼斯世界纪录甚至把牛油果评为最有营养的水果。

目前牛油果产业发展是四川省的农业重点工程之一，根据四川省牛油果产业发展规划，仅攀西地区近期将发展牛油果种植面积4500亩，远期将达到10500亩。标准化的建园和种植技术以及优良品种的推广是目前迫在眉睫的工作。

1.牛油果的特征特性

牛油果（学名：*Vitellaria Paradoxa* C.F.Gaertn）是樟科鳄梨属植物，常

绿乔木，耐阴植物。高约10米，树皮灰绿色，纵裂。叶互生，长椭圆形、椭圆形、卵形或倒卵形，先端极尖，基部楔形、极尖至近圆形，革质，上面绿色，下面通常稍苍白色。花淡绿带黄色，长5～6毫米，花梗长达6毫米，密被黄褐色短柔毛。花被两面密被黄褐色短柔毛，花被筒倒锥形。果大，通常梨形，有时卵形或球形，黄绿色或红棕色，外果皮木栓质，中果皮肉质，可食。花期2—3月，果期8—9月，如图3-19所示。

图3-19　牛油果形态

2.攀枝花牛油果概述

2018年，攀枝花仁和区建设千亩牛油果栽培示范园在仁和区大龙潭彝族乡裕民村建成。仁和区投入现代农业发展工程资金600万元，专项发展牛油果产业，将在大龙潭彝族乡重点建设牛油果品种资源圃50亩、牛油果栽培示范园1000亩。该项目于2018年5月正式启动，项目区主要包括凉山州彝族及攀枝花市部分区县。按照四川省委、省政府项目发展规划，到2028年，攀西地区牛油果基地面积要发展到10万亩。牛油果栽植三年过后开始初挂果，目前国内采摘价为20元/500克，按亩产1000斤核算，未来牛油果亩产产值可达2万元/亩以上，它将成为攀枝花继芒果之后的又一明星果品。

3.攀枝花牛油果主要品种

世界鳄梨品种通常分为墨西哥系、危地马拉系、西印度系三大种群。

中国现已引进商业品种70余个，选择适应当地气候的品种尤为重要。结合攀枝花地区独特的气候，目前，攀枝花牛油果主要以"哈斯"为主，具体品种为黑皮哈斯、长哈斯、攀育一号。"哈斯"品种特点：果皮在成熟时会从绿色变为紫黑色，口感极佳。外观：呈卵形，有纹路，皮较厚且柔韧，果肉浅绿色，较细腻，果核较小，易剥皮。大小：有大有小。如何判断是否成熟：轻按有下陷，果皮颜色变深，如图3-20所示。

图3-20　牛油果

八、普威雪梨

雪梨，肉嫩，白如雪，故称雪梨，是一种常见的水果。《本草纲目》记载："梨者，利也，其性下行流利。"它药用能治风热、润肺、凉心、消痰、降火、解毒。医学研究证明，梨确有润肺清燥、止咳化痰、养血生肌的作用。因此对急性气管炎和上呼吸道感染的患者出现的咽喉干、痒、痛、音哑、痰稠、便秘、尿赤、祛痰均有良效。

梨又有降低血压和养阴清热的效果，所以高血压、肝炎、肝硬化病人常吃梨有好处。梨味甘性寒，具生津润燥、清热化痰、养血生肌之功效，特别适合秋天食用。普威雪梨是攀西地区重要的秋季水果。

1.雪梨的特征特性

雪梨（*PyYus nivalis* Jacq）属于蔷薇科梨属植物，树姿半开张，树势强壮，树冠较大，萌芽率高，成枝力强。以短果枝结果为主，果台连续结果能力强。每花序坐果2～3个，无采前落果现象，丰产、稳产。低接幼树第4年开始开花结果，第5年开花率100%。自花结实较差，必须配置授粉树，如图3-21所示。

成龄树树高4～5米，冠幅3～4米，主干及多年枝呈褐色，光滑，1年生成熟枝呈红棕色，无茸毛，皮孔有小白色斑点。叶片广椭圆形，深绿色，叶尖渐尖，叶缘细锯齿，叶基宽、中、大，叶柄浅绿色。每花序5～9朵，花蕾白色。花冠中、大，花瓣白色，花药黄色，饱满，花粉较少。

图3-21　普威雪梨特征图

果实圆形或扁圆形，顶端基部均高低不平。纵径8～9厘米，横径9～9.5厘米，果实中、大，平均单果重300～400克，最大单果重750～975克，套袋果果面呈黄白色，果梗较短，皮薄，星点小，锈斑大而密。果肉乳白色，脆，汁液多，石细胞含量少，风味浓甜、爽口，品质上等。可溶性固形物含量12.8%～13.5%，含糖、酸、糖/酸、可食率分别为7.25%、0.29%、25.00、83.88%。成熟期8月底。耐贮藏，适于冻藏，藏期可达3至4个月。

2.普威雪梨概述

米易种梨历史悠久，"普威雪梨"更是扬名四方。该梨肉质白而细嫩、汁多、味纯，入口化渣，甘甜香醇，皮薄而柔韧，易运输储藏，乃梨中佳品。全县种植面积15万亩，产量4.4万吨，6月至9月成熟上市，产值1.8亿元，果农实现人均增收1000余元，如图3-22所示。

攀果 *PAN GUO*

　　"普威雪梨"农业标准化示范项目从2011年开始建设，通过标准化的引领作用，从砧苗培养和嫁接，到果园建立、果园栽培管理和病虫害防治，再到采摘技术、分级包装和质量标准，形成了一套完整的技术和管理体系。

图 3-22　普威雪梨种植区域

　　2015年11月，米易县首个水果种植——"普威雪梨"省级农业标准化示范项目通过省级考核验收。

　　米易县将立足市委、市政府"攀果"品牌战略，发挥特色优势，丰富"攀果"品牌，融入"三个圈层"联动发展，让"攀枝花太阳雪梨"成为加快建设产业强、生态优、人文美的社会主义现代化米易的"金果果"，成为打造"攀果"品牌的"阳光动力"。

3.普威雪梨主要品种

雪梨种类较多，目前米易县普威镇种植的主要品种有早熟一号、金花雪梨、丰水梨、满天红等。

九、余甘子（滇橄榄）

余甘子又名橄榄（油甘子，滇橄榄），世界上约有500种，我国约有30种，分布于四川、贵州、云南、广西、广东、福建和台湾等省。它是一种十分独特的生长在亚热带、热带部分地区，特别是干热河谷地区的落叶乔木或灌木资源植物，在攀枝花地区属于野生植物资源。

1.余甘子（滇橄榄）的特征特性

余甘子（*Phyllanthus emblica* Linn.）是大戟科叶下珠属植物，乔木，高达23米，胸径50厘米；树皮浅褐色；枝条具纵细条纹，被黄褐色短柔毛。叶片纸质至革质，二列，线状长圆形，长8～20毫米，宽2～6毫米，顶端截平或钝圆，有锐尖头或微凹，基部浅心形而稍偏斜，上面绿色，下面浅绿色，干后带红色或淡褐色，边缘略背卷；侧脉每边4～7条；叶柄长0.3～0.7毫米；托叶三角形，长0.8～1.5毫米，褐红色，边缘有睫毛，如图3-23所示。

图3-23　余甘子（滇橄榄）特征图

聚伞花序由多朵雄花和1朵雌花或全为雄花腋生组成，萼片6，雄花：花梗长1～2.5毫米；萼片膜质，黄色，长倒卵形或匙形，近相等，长1.2～2.5毫米，宽0.5～1毫米，顶端钝或圆，边缘全缘或有浅齿；雄蕊3，花丝合生成长0.3～0.7毫米的柱，花药直立，长圆形，长0.5～0.9毫米，顶端具短尖头，药室平行，纵裂；花粉近球形，直径17.5～19微米，具4～6孔沟，内孔多长椭圆形；花盘腺体6，近三角形；雌花：花梗长约0.5毫米；萼片长圆形或匙形，长1.6～2.5毫米，宽0.7～1.3毫米，顶端钝或圆，较厚，边缘膜质，多少具浅齿；花盘杯状，包藏子房达一半以上，边缘撕裂；子房卵圆形，长约1.5毫米，3室，花柱3，长2.5～4毫米，基部合生，顶端2裂，裂片顶端再2裂。

蒴果呈核果状，圆球形，直径1～1.3厘米，外果皮肉质，绿白色或淡黄白色，内果皮硬壳质；种子略带红色，长5～6毫米，宽2～3毫米。花期4—6月，果期7—9月。

2.余甘子（滇橄榄）概述

余甘子为常见的散生树种，萌芽力强，根系发达，可保持水土，可作产区荒山荒地酸性土造林的先锋树种。树姿优美，可作庭园风景树，亦可栽培为果树。种子含油量16%，供制肥皂。树皮、叶、幼果可提制栲胶。木材棕红褐色，坚硬，结构细致，有弹性，耐水湿，供农具和家具用材，又为优良的薪炭柴。余甘子是药食两用的具有保健功能的经济资源植物。

3.余甘子（滇橄榄）主要品种

余甘子品种较多，福建闽南地区林业专家高兆蔚同志，把余甘子按果实成熟期划分为8个优良品种：早成熟期（六月白和算盘子）、中成熟期（枣甘、玻璃甘、茶油甘、野生甘）、晚成熟期（粉甘和秋白）。目前攀枝花余甘子主要以野生资源为主。

十、番木瓜

木瓜(学名：*Carica papaya* L.)是番木瓜科、番木瓜属多年生常绿大型草本植物。番木瓜是我国名优水果，不仅营养丰富，味道清甜，口感好，而且有美容保健的作用，深受人们的青睐。

图3-24 番木瓜

1. 番木瓜的特征特性

番木瓜叶大，聚生于茎顶端，近盾形，直径可达60厘米，通常5～9深裂，每裂片再为羽状分裂；叶柄中空，长达 60～100 厘米。番木瓜花单性或两性，有些品种在雄株上偶尔产生两性花或雌花，并结成果实，有时亦在雌株上出现少数雄花。植株有雄株，雌株和两性株。雄花：排列成圆锥花序，长达1米，下垂；花无梗；萼片基部连合；花冠乳黄色，冠管细管状，长1.6～2.5厘米，花冠裂片5，披针形，长约 1.8 厘米，宽4.5 毫米；雄蕊10，5长5短，短的几无花丝，长的花丝白色，被白色绒毛；子房退化。雌花：单生或由数朵排列成伞房花序，着生叶腋内，具短梗或近无梗，萼片5，长约 1 厘米，中部以下合生；花冠裂片5，分离，乳黄色或黄白色，长圆形或披针形，长5～6.2厘米，宽1.2～2 厘米；子房上位，卵球形，无柄，花柱5，柱头数裂，近流苏状。两性花：雄蕊5枚，着生于近子房基部极短的花冠管上，或为 10 枚着生于较长的花冠管上，排列成2轮，冠管长1.9～2.5 厘米，花冠裂片长圆形，长约2.8厘米，宽9毫米，子房比雌株子房较小。浆果肉质，成熟时橙黄色或黄色，长圆球形，倒卵状长圆球形，梨形或近圆球形，长10～30 厘米或更长，果肉柔软多汁，味香甜；种子多数，卵球形，成熟时黑色，外种皮肉质，内种皮木质，具皱纹，如图3-25所示。花果期全年。

图 3-25　番木瓜生长形态

2. 番木瓜的生长习性

番木瓜喜高温多湿热带气候，不耐寒，遇霜即凋寒，因根系较浅，忌大风，忌积水。对地热要求不严，丘陵、山地都可栽培，对土壤适应性较强，但以疏松肥沃的砂质壤土或壤土生长为好。最适于年均温度 22℃～25℃、年降雨量 1500～2000 毫米的温暖地区种植，适宜生长的温度是 25℃～32℃，气温 10℃左右生长趋向缓慢，5℃幼嫩器官开始出现冻害，0℃叶片枯萎。温度过高对生长发育也不利。土壤适应性较强，但以酸性至中性为宜。

十一、番石榴

学　名：*Psidium guajava* L.

英文名：Guava

别　名：芭乐果、红心果、那拔、扒仔

植物学分类：桃金娘科番石榴属

番石榴也称红心果或巴乐果，桃金娘科番石榴属植物。又被称为巴乐、蓝拔、拔仔(台湾)、鸡矢果、拔子、番稔、花稔、番桃树、缅桃、胶子果。原产热带美洲，我国广东、广西、福建、台湾、四川攀枝花等地均有栽培。红心果果实富含维生素 C，具有治疗糖尿病及降血糖的药效，

外观亮丽、耐贮存，备受市场青睐，经济效益好，发展迅速。

攀西地区从20世纪60年代从华南热带作物研究院引进紫果百香果试种，而后在攀枝花市各县、区及西昌市的会理县、普格县等地扩大试种范围。1982年，又引进台农1号百香果和黄果百香果试种。经多年品种比较试验和鉴定，发现紫果白香果在攀西地区种植表现较好，果实品质好。

十四、攀枝花莲雾

莲雾（*Syzygium samarangense* Merr.et Perry.），又称琏雾、辈雾、爪哇蒲桃、洋蒲桃、金山蒲桃、水蒲桃、甜雾、棉花果等，是桃金娘科蒲桃属热带亚热带常绿乔木果树。原产马来半岛及安达曼群岛，17世纪在我国台湾最早引种，目前，我国台湾、广东、福建、海南、广西、云南和四川均有栽培。其中台湾栽培最多，也成为该省的四大水果之一。

莲雾用途广泛，其生长速度快，周年常绿，树姿优美，花期长、花浓香，挂果期长、果形奇特、果色鲜艳，果肉海绵质，略有苹果香气，清甜、清凉爽口。不同品种的莲雾颜色多样，具有较好的观赏价值和经济价值，是庭院绿化、观光果园和盆景栽培很好的树种。

莲雾成年树高3米左右，具有一年多次开花结果的习性，老熟枝梢顶芽或其下腋芽分化为花芽，每花穗有小花数朵。莲雾喜温怕寒，最适生长温度25℃～30℃。叶片较大，多为单叶对生，呈椭圆形，叶片表面深绿色。大多数品种每年一般都可抽发新梢4～5次，低温干旱时停止新梢萌发。果实呈钟形，一般50～80克，一些大果品系果实超过100克。

莲雾品种多以果色来命名，根据果实色泽将莲雾分为5种：（1）大（深）红色小果品种：果形小，近果柄端稍长，果色好，耐贮存，稍有涩味，为本地种，是台湾栽培最早的品种。（2）粉红色品种：称南洋莲雾，其果形大，为早熟品种，果色和果形都很好看，甜度、口感都佳，产量较高，是目前台湾栽培的主要品种，常见的几个粉红色改良品种有黑珍珠、黑金刚、黑钻石等。（3）白色品种：果皮乳白色，果形小，近果柄一端稍长，品质优，但果形小，产量低，为晚熟品种。（4）绿色品种：果皮翠绿色，为台湾培育的新型品种，甜味最高，并且具有独特香味。（5）大果品系：从粉红种变异的品系中筛选，其叶片较大，枝条与主干的角度较大，较柔软，单果重100～300克，果脊明显，开花时花穗数较南洋种多，果皮着色较红。常见的改良大果品种有泰国红钻石、红宝石和印度红等，如图3-32、图3-33所示。

图 3-32 莲雾 1

图 3-33 莲雾 2

五、葡萄

葡萄（*Vitis Viniferal.*），葡萄科葡萄属高大缠绕藤本，是多年生藤本攀缘类暖温带落叶果树。世界葡萄栽培最早出现于公元前9000多年前的叙利亚、伊拉克、南高加索及中亚细亚等地；在中国栽培历史悠久，我国最早对葡萄的文字记载见于《诗经》，其所反映的是殷商时期的事情。

在葡萄酒市场与传统葡萄栽培区划体系思想的影响下，葡萄从零散的种植到规模化的种植。以攀西地区为主的西南干热河谷地区，因其丰富的光热资源和不算太多的降水量，使攀西地区具有种植优良葡萄的潜力和条件，并且在以积温和光照绝对值为主要区划指标的传统体系中，西南干热河谷地区也是适宜的葡萄生产区。

攀西地区在20世纪60年代初从云南等地区引进10余个以鲜食为主的葡萄品种进行引种栽培，筛选出了丰产、稳产、抗逆性强的黑虎香品种。该品种品质中或中偏上，既可鲜食，又可酿酒。20世纪80年代发展到种植面积3000亩左右。20世纪90年代初，又引进10余个酿酒葡萄品种进行引种和栽培试验，但因受市场经济和经费的影响使葡萄酒企业停产，导致农民积极性受挫，影响了葡萄种植。20世纪90年代中期，受葡萄酒市场的刺激，农民种植葡萄的积极性提高，但主栽品种仍以黑虎香为主。同期，又引种14个早、中、晚熟的酿酒葡萄品种。到2001年，攀西地区已发展酿酒葡萄基地近15000亩。到2019年，干热河谷地区葡萄种植面积66万亩，如图3-34、图3-35、图3-36、图3-37、图3-38所示。

图 3-34　巨峰葡萄 1

图 3-35　巨峰葡萄 2

图 3-36　阳光玫瑰葡萄

图 3-37　京早晶葡萄

图 3-38　克伦生葡萄

十六、雪桃

雪桃，是桃子（*Prunus persica* (L.) Batsch）的一种。系世上稀有的蔷薇科属变异晚熟品种。其果实在10—11月成熟，收获时已值下雪季节，故名雪桃。雪桃适应于半潮湿性气候，要求土壤透气性好，喜肥水。在未进入休

眠期前受寒流侵袭易发生冻害，进入休眠期后要求有-8℃至-15℃低温天气30天以上，才能正常开花结果，生长温度为：-25℃至40℃。雪桃果型好，果实大，平均单果重400克，最大单果重610克。果品质量好，水份充足，脆甜爽口，可溶性固性物含量20%～24%。

1.形态特征

雪桃具有晚熟、耐藏、个大、优质、丰产、效益高，成熟期10—11月；单果重300～400克，最大520克；果面着鲜艳的玫瑰红色，光彩亮丽，极其漂亮，如图3-39所示。

图3-39　雪桃

2.化学成分

雪桃果肉富含果糖、维生素、蛋白质、脂肪、碳水化合物、糖分、粗纤维、钙、磷、铁、胡萝卜素等营养物质，含有人体所必需的17种氨基酸中的15种，水溶性固形物和各种益身微量元素含量远远高于其他桃类品种。

十七、柿子

柿子属柿树科柿树属，是我国一种广为栽培的古老经济树种，品种繁多，一般以成熟前能否自然脱涩及脱涩程度分甜柿（完全甜柿、不完全甜柿）和涩柿二大类。甜柿因脱涩完全，口感好，营养丰富而备受人们的青睐。柿子营养丰富，富含甘露醇、葡萄糖、果糖、五环三萜类化合物，具抗血脂、抗动脉硬化、抗肿瘤、抗老化、止血止咳等功效，具有较高的食用价值及医疗保健功能，其保健作用早在《黄帝内经》《本草纲目》中就有记载。近年来，随着人们对健康食品需求的增加及对食疗认识的不断加深，柿子醋保健饮品的保健功能深受人们青睐，柿子种植面积不断扩大。

图 3-40　柿子

1.柿子形态特征

柿子为落叶大乔木，通常高达10～14米以上，胸径达65厘米；树皮深灰色至灰黑色，或者黄灰褐色至褐色，沟纹较密，裂成长方块状；树冠球形或长圆球形，老树冠直径达10～13米，有达18米的。枝开展，带绿色至褐色、无毛、散生纵裂的长圆形或狭长圆形皮孔；嫩枝初时有棱，有棕色柔毛或绒毛或无毛。冬芽小，卵形，长2～3毫米，先端钝。叶纸质，卵状椭圆形至倒卵形或近圆形，通常较大，长5～18厘米，宽2.8～9厘米，先端渐尖或钝，基部楔形，钝，圆形或近截形，很少为心形，新叶疏生柔毛，老叶上面有光泽，深绿色，无毛，下面绿色，有柔毛或无毛，中脉在上面凹下，有微柔毛，在下面凸起，侧脉每边5～7条，上面平坦或稍凹下，下面略凸起，下部的脉较长，上部的较短，向上斜生，稍弯，将近叶缘网结，小脉纤细，在上面平坦或微凹下，连结成小网状。叶柄长8～20毫米，变无毛，上面有浅槽。

花雌雄异株，但间或有雄株中有少数雌花，雌株中有少数雄花的，花序腋生，为聚伞花序；雄花序小，长1～1.5厘米，弯垂，有短柔毛或绒毛，有花3～5朵，通常有花3朵；总花梗长约5毫米，有微小苞片；雄花小，长5～10毫米；花萼钟状，两面有毛，深4裂，裂片卵形，长约3毫米，有睫毛；花冠钟状，不长过花萼的两倍，黄白色，外面或两面有毛，长约7毫米，4裂，裂片卵形或心形，开展，两面有绢毛或外面脊上有长伏柔毛，里面近无毛，先端钝，雄蕊16～24枚，着生在花冠管的基部，连生成对，腹面1枚较短，花丝短，先端有柔毛，花药椭圆状长圆形，顶端渐尖，药隔背部有柔毛，退化子房微小；花梗长约3毫米。雌花单生叶腋，长约2厘米，花萼绿色，有光泽，直径约3厘米或更大，深4裂，萼管近球状钟形，肉质，长约5毫米，直径7～10毫米，外面密生伏柔毛，里面有绢毛，裂片开展，阔卵形或半圆形，有脉，长约1.5厘米，两面疏生伏柔毛或近无毛，先端钝或急尖，两端略向背后弯卷；花冠淡黄白色或黄白色而带紫红色，壶形或近钟形，较花萼短小，长和直径各1.2～1.5厘米，4裂，花冠管近四棱形，直径6～10毫米，裂片阔卵形，长5～10毫米，宽4～8毫米，上部向外弯曲；退化雄蕊8枚，着生在花冠管的基部，带白色，有长柔毛；子房近扁球形，直径约6毫米，多少具4棱，无毛或有短柔毛，8室，每室有胚珠1颗；花柱4深裂，柱头2浅裂；花梗长6～20毫米，密生短柔毛。

果形多种有球形，扁球形，球形而略呈方形，卵形，等等，直径3.5～8.5厘米不等，基部通常有棱，嫩时绿色，后变黄色，橙黄色，果肉较脆硬，老熟时果肉变成柔软多汁，呈橙红色或大红色等，有种子数颗；种子褐色，椭圆状，长约2厘米，宽约1厘米，侧扁，在栽培品种中通常无种子或有少数种子；宿存萼在花后增大增厚，宽3～4厘米，4裂，方形或近圆形，近平扁，厚革质或干时近木质，外面有伏柔毛，后变无毛，里面密被棕色绢毛，裂片革质，宽1.5～2厘米，长1～1.5厘米，两面无毛，有光泽；果柄粗壮，长6～12毫米。花期5～6月，果期9～10月。

柿子原产我国长江流域，现在辽宁西部、长城一线经甘肃南部，折入四川、云南，在此线以南，东至台湾省，各省、区多有栽培。朝鲜、日本、东南亚、大洋洲、北非的阿尔及利亚、法国、俄罗斯、美国等有栽培。柿树是深根性树种，又是阳性树种，喜温暖气候，充足阳光和深厚、肥沃、湿润、排水良好的土壤，适生于中性土壤，较能耐寒，但较能耐瘠薄，抗旱性强，不耐盐碱土。柿树多数品种在嫁接后3—4年开始结果，10—12年达盛果期，实生树则5～7龄开始结果，结果年限在100年以上，如图3-41所示。

图3-41　脆柿子

2.栽培的常见品种

（1）火晶柿子。

火晶柿子，因果实色红如火，果面光泽似水晶而得名。又因熟后质软，外皮火红，深秋成熟时挂满枝头，如火焰般艳丽，所以又叫"火景"。它的特点：个小色红，晶莹光亮，皮薄无核，果肉密甜、火晶柿子果实扁圆、吃起来凉甜爽口，甜而不腻，味道极佳，且果皮极易剥离。陕县、临潼火晶柿子含糖量高，除鲜食外，可酿酒、做醋，药用能治肠胃病、止血润便、降血压，同时还是良好的滋补品。用火晶柿子和面粉做成的火晶柿子饼，绵软香甜，是三门峡、西安有名小吃。临潼火晶柿子每年都大量出口，深受国内外旅游者的赞誉。此种小吃的吃法是因为：大量的火晶柿子囤积于关中，无法让外地人品尝。于是，当地的食品加工业产生了火晶柿子加工产业。将鲜艳的火晶柿子与砂糖和面粉和在一起，中间裹上核桃、桂花、玫瑰、豆沙，放在滚油中一煎，其晶莹的橙红便更深一层，那是一种成熟却不沧桑的感觉。油煎的柿子饼有着温暖的口感，非常接近体温。此时的柿子，已不是当初要你呵护的小精灵，吃过之后，你会有找谁靠靠的念头。火晶柿子饼以当地回民制作的为上上品，不仅口感滑腻，模样规正，而且非常卫生。拿在手里，沉甸甸的。后来又有了真空包装，带到三五千公里之外，一点问题也没有了。

（2）牛心柿。

牛心柿产于河南省渑池县石门沟，因其形似牛心而得名。牛心柿历史悠久，享有盛誉，是当地群众在长期的栽培实践中，筛选出来的一个优良品种。牛心柿属柿科，落叶乔木，6月初开花，花期7～12天，果实牛心状，且 顶端呈奶头状凸起，果实由青转黄，10月成熟，果色为橙色。 为中国地理标志产品，在国内外都享有很高的盛誉。脱涩吃脆酥利口，烘吃汁多甘甜，晒制的牛心柿饼，甜度大、纤维少、质地软、吃起来香甜可口，使人有食后复思的欲感。将柿饼放在冷水中搅拌，能化成柿浆，可和蜂蜜媲美，别有风味。柿子都含有单宁物质，易与铁质结合，从而妨碍人体对食物中铁质的吸收，所以贫血患者应少吃，糖尿病人忌食。

（3）罗田甜柿。

罗田甜柿，指中国湖北省大别山区罗田县产的甜柿，是中国地理标志产品。罗田甜柿是世界唯一自然脱涩的甜柿品种，秋天成熟后，不需加工，可直接食用。罗田县三里畈镇錾字石村出产的甜柿更是珍品， 其特点是个大色艳，身圆底方，皮薄肉厚，甜脆可口。别的地方出产的甜柿一般有籽粒八颗以上，而錾字石甜柿不超过三颗籽，所以既方便食用，更方便加工。罗田甜柿产于中国各地，集中于湖北、河南、安徽交界的大别山区，以湖北罗田及麻城部分地区栽培最多。果个中等，平均单果重100克，扁圆形。果皮粗糙，橙红色。肉质细密，核较多，品质中上，在罗田10月上中旬成熟。该品种着色后便可直接食用。较稳产，高产，且寿命长，耐湿热，抗干旱。果实最宜鲜食，也可制柿饼，柿片等，便于保存运输。罗田甜柿栽培历史悠久，南宋以前就有栽培。南宋时期已普遍采用良种嫁接繁殖技术，历史悠久。 罗田自古就有"甜柿之乡"的美称，较日本古老的甜柿"禅寺丸"(1214年发现)还早180余年。存有百年以上的古大甜柿树5000多株，其中錾字石、唐家山的甜柿久有盛名。日军侵华时，特派一支部队掠取錾字石甜柿标本 运回日本。20世纪80年代，日本又派专家到錾字石进行专题研究。他们拍摄的照片还编进日本教科书。2001 年，国家林业局批准命名罗田为"中国甜柿之乡"。21世纪以来，罗田县立足甜柿资源优势，大力开展甜柿基地建设，不断推动形成甜柿产业，取得了明显成效。全县建有大崎、三里畈、凤山、平湖、河铺、胜利、九资河等七大甜柿主产区。到2009年，该县甜柿栽培面积已达到4.5万亩，年产量达到1000多万千克，面积和产量呈现出快速上升势头。

（4）镜面柿。

锦面柿是一种甜美的柿子品种，也称为富有柿子和镜面柿子。它的果实呈圆形或椭圆形，表面光滑，质感柔软，味道甜美，口感细腻，是一种非常受欢迎的水果。耿饼又称曹州镜面柿，因菏泽古称曹州，曹州耿庄所产柿饼风味最好而得名，曹州耿饼相传已有上千年的生产历史，早在明代就驰名全国，被列为进献朝廷的贡品，曹州耿饼橙黄透明，肉质细软，霜厚无核，入口成浆，味醇甘甜，营养丰富，且耐存放，久不变质，历来为柿饼中上品，深受人民群众的赞赏，耿饼还有较高的药用价值，有清热、润肺、化痰、健脾、涩肠、治痢、止血、降血压等功能，柿霜可治疗喉痛、口疮等病症。菏泽已归划大面积种植柿树，以增加人民需求和出口创汇。

（5）富平尖柿。

陕西省富平县栽植柿子历史悠久，据有关资料记载，从汉代就开始栽植，距今已有2000多年的历史。据志书记载：明朝万历年间太师太保孙丕扬曾将柿饼及琼锅糖作为贡品进献过神宗皇帝朱翊钧。在日本吉野市世界上唯一的柿子博物馆里就有"世界上柿子生产国为中国，集散地为青州，优生区在富平"的记载。富平柿子品种有升底尖柿、辣角尖柿等10多个，主栽品种为升底尖柿，为柿树中的名优品种，营养价值居国内同类产品之冠。富平尖柿是制作柿饼的优良品种，出饼率高达26%。富平柿饼质地透明，清甜爽口，营养丰富，具有润肺、补血、健胃、止咳、抗癌、防辐射、抗衰老等药理功能。是全省名贵食品之一。被专家誉为"制饼珍品"。中华人民共和国成立后，庄里合儿饼先后选项送西北农展馆、全国农业展览馆，列入地方名产进行展览。

（6）莲花柿。

莲花柿，树体高大，树冠圆头形，开张，枝条较密，结果后易下垂。果实10月上中旬成熟，耐贮运。柿子营养价值很高，含有丰富的蔗糖、葡萄糖、果糖、蛋白质、胡萝卜素、维生素C、瓜氨酸、碘、钙、磷、铁。国内柿子种植的常见品种：鸡心黄柿子属晚熟类品种，属于耐储藏品种，色泽红艳，4～5个一斤，到9月中下旬可供甜柿子。鸡心黄因其果实色红似炎，果面光泽如水晶而得名其，晶莹光亮，皮薄无核，肉丰蜜甜，深受国内处旅游者的赞誉。

3.柿子的功效

（1）止血凉血。

新鲜柿子有凉血止血、柿霜润肺，可用于咽干和口舌生疮等，柿蒂具有着降逆止呃的功效，柿饼和胃止血并且柿叶也有止血作用，用于治疗咳血、便血、出血、吐血、柿子和柿叶有降压、利水、消炎、止血作用。

（2）润肺化痰生津止渴。

清热去燥、润肺化痰、软坚、健脾、治痢、止血等功能，可以缓解大便干结、痔疮疼痛或出血、干咳、喉痛以及高血压等症。

（3）活血降压。

柿子有助于降低血压软化血管，增加冠状动脉流量，并且能活血消炎改善心血管功能。

（4）解酒。

柿子能加速血液之中乙醇的氧化，来帮助机体对酒精的排泄，减少酒精对机体的伤害。

（5）柿子的营养价值。

柿子含有丰富的蔗糖、葡萄糖、果糖、蛋白质、胡萝卜素、维生素C、瓜氨酸、碘、钙、磷、铁。柿子所含维生素和糖分比一般水果高1～2倍，成熟果实含鞣质。涩柿柿子中含碳水化合物是非常多的，大约每100克柿子中含10.8克，其中主要是蔗糖、葡萄糖及果糖，这也是柿子很甜的原因，而且新鲜柿子含碘很高。柿子富含果胶，它是一种水溶性的膳食纤维，有良好的润肠通便作用，对于纠正便秘保持肠道正常菌群生长等有很好的作用。

第四章　小众水果

八月瓜

一、八月瓜

八月瓜，为三叶木通 [*Akebia trifoliata*（Thunb.）Koidz] 的果实。有时，三叶木通俗称为八月瓜，是木通科（Lardizabalaceae）木通属（*Akebia*）的一种半落叶木质藤本植物，原产地为中国和日本，生长于海拔600～2600米的山坡、山谷密林林缘。野生三叶木通在中国主要分布于西藏、陕西、云南、贵州、湖南、四川等省（区），而国外主要分布于日本东南亚等国家或地区。

三叶木通果实因在每年农历8—10月成熟，而得名八月瓜，又因其成熟时，果皮沿腹线裂开，又得名八月炸。三叶木通茎与枝具明显的线纹，掌状复叶有小叶3～9片，叶柄稍纤细，如图4-1所示。花数朵组成伞房花序式的总状花序。果为不规则的长圆形或椭圆形；种子多数，倒卵形，种皮褐色。花期4—5月，果期7—9月。

图4-1　八月瓜

攀果 *PAN GUO*

八月瓜，一般分为果用型和药用型三叶木通的果实，其果实形状无差异，主要是果用型选大果、壳薄、籽少、风味好的优株栽培；药用型选药用成分含量高、藤茎生长量大的优株栽培。

1.形态特征

八月瓜果实长圆形，长 6～8 厘米，直径 2～4 厘米，直或稍弯，成熟时灰白略带淡紫色；种子数极多，扁卵形，长 5～7 毫米，宽 4～5 毫米，种皮红褐色或黑褐色，稍有光泽。

2.繁殖方法

（1）种子繁殖法。

9—10月八月瓜果实成熟，将食用后留下的种子及时秋播或用湿沙混合贮藏，到翌年3—4月播种。种子播种前，先用碱水搓洗，再用清水漂洗干净，沥干水分待用。宜选择沙壤土作苗床，苗床宽1.5米，苗床长根据地块决定，床高15厘米。在苗床上按行距20厘米开横浅沟，沟深3～5厘米，将备好的种子每沟均匀的播入约100粒。播种后施腐熟人畜粪尿并盖草木灰，最后盖细土约1.5厘米。秋播以秋分后为宜，春播以惊蛰后为宜。秋播覆土厚度1～1.5厘米，春播覆土厚度0.5～1.5厘米。种子于4月中下旬发芽出土，此时注意遮阳、灌溉，保持苗床湿润。待苗出齐后中耕除草，结合中耕除草追肥，当幼苗4～5厘米时可间苗，每隔5厘米留1株，同时用带枝的小竹条间插行中，以供攀授，促进幼苗生长。整个苗木生长期要做到苗床无杂草，土壤湿润。干旱时要及时浇水，雨季要开沟排水，以免积水烂根。适时追肥，加速幼苗生长。两年后苗木可移栽。种子繁殖简单易行。

（2）压条繁殖法。

选生长旺盛的野生两年生八月瓜枝条，将枝条放在生根粉中浸泡24小时，然后再把浸泡的枝条于3月上中旬时节埋在细泥沙土壤中，让其生根发芽。压条繁殖很简单，但无法生产出大量的苗木。

（3）分根繁殖法。

选择经营条件较好的沙性土壤做扦插苗圃地，插前先对苗圃地进行深耕细耙和消毒处理，并施1500千克/亩充分腐熟的农家肥，然后按宽1.3米开厢，使插床厢面宽达1.1米，步道宽0.2米，床面高出步道0.1米，然后在厢面上铺放厚6厘米的草木灰。在雨季或冬季的时候，剪采半木质化或已木质化的藤茎做插穗，长为20厘米左右，有2～4个节间，去掉顶梢，保留上半部藤茎上的叶片，以便进行光合作用促进插条生根。插穗下切口斜切位于叶或腋芽之下。扦插深度3～5厘米，株行距10厘米×10厘米。扦插时间宜在早晨或傍晚，插穗要随采随剪随插。来不及扦插的插穗，要立即用湿润材料覆盖，以免干燥。扦插后要及时喷水，保持苗床湿润，并要注意搭架遮荫，防止水分过多蒸腾。扦插后100天左右即可生根发芽。

3.化学成分

三叶木通鲜果皮、果肉、籽在鲜果重中占比分别约为 25%、60%、15%，具有蛋白质、脂肪、维生素含量高及矿质元素含量丰富且种类齐全的特点。

八月瓜是一种生态无污染的绿色野生果，果皮厚，呈紫红色，果肉乳白色，有黏性，味甘甜，富含蛋白质、氨基酸、淀粉、可溶性糖及大量的矿物质元素。北京农学院李金光老师对三叶木通果实生物学特性及营养成分进行了研究，结果表明，成熟果实富含矿物质和可溶性糖、有机酸、蛋白质、脂肪酸等。吉首大学张晓蓉老师等对湘西地区3个三叶木通品种果实微量元素进行了测定，检测出了 K、Ca、Na、Mg、Fe、Zn、Mn、Cu 等8 种元素含量，结果表明，该地区3个品种果实中的 K、Ca、Mg 含量较高（>0.100 0毫克/g），其中K含量远高于其他元素，同时也证明了三叶木通果实中富含矿物质元素。万明长等通过长期人工驯化野生三叶木通，发现三叶木通经人工栽培，其果实品质得到较大提高，果实最大单果重313.5克，果实含有人体必需的8种氨基酸。贵州省分析测试研究院汪国龙等也对三叶木通果实主要营养成分含量进行了测定，结果显示，三叶木通果中含有氨基酸、VC、可溶性糖、脂肪、可溶性固形物、钙、铁、锌和可滴定酸，但果实的可食率较低，仅为 20.5%。王玉娟等对中国9个产地的三叶木通果实理化成分进行比较，结果表明，不同产区三叶木通果实在蛋白质、脂肪、纤维、矿物质等含量上有明显的区别。

近年来，研究人员在评价三叶木通果实营养成分时，从外观、营养等多层次进行果实营养品质优选。贵州省果树科学研究院仲伟敏等对三叶木

通优选单株果实的营养品质特性进行分析，结果表明，三叶木通果实含粗蛋白、粗脂肪、粗纤维、氨基酸、糖、酸和维生素，矿质元素含量丰富，常量元素含量 K>P>Mg>Ca>Na，微量元素含量 Fe>Mn>Zn>Cu>Se。此外，也有研究人员对三叶木通果实的独特果香进行了研究。黔南民族卫生学校王升匀老师等对三叶木通果挥发性成分进行GC-MS分析，鉴定出 13 种化学成分，主要为棕榈酸、烷烃、烯类和醇类等物质，三叶木通果独特的口感均得益于此类物质。安康市农业科学研究所吴莹老师等对三叶木通果实香气进行GC-MS分析，并从其果实中检出 46 种化学成分，鉴定出 42 种香气成分，占总香气成分含量的 94.2%。其中，相对含量较高的香气成分有乙酸、5-羟甲基-2-呋喃甲醛、1，3-二羟基丙酮、1-羟基丙酮、异丁醇、2，3-二氢-3，5-二羟基-6-甲基-4（H）吡喃-4-酮、乙酸己酯、2，3-丁二醇、苯乙醇和乙酸乙酯等。

二、布福娜

布福娜（*Kadsura coccinea* (lem.)A.C.Sm），别名：黑老虎属于五味子科（Schisandraceae）南五味子属植物厚叶五味子的果，系木质常绿藤本植物，别名黑老虎、臭饭团、过山龙藤，苗语意思是美容长寿之果。据《中国植物志》记载，布福娜野生生长于海拔1500～2000米的深山之中，普遍依附于高大乔木上，主要分布于贵州、湖南、四川、广西、云南、福建、江西等地。根药用，能行气活血，消肿止痛，治胃病，风湿骨痛，跌打瘀痛，并为妇科常用药。果成熟后味甜，可食。

1.形态特征

布福娜植株属藤本，全株无毛。叶革质，长圆形至卵状披针形，长7～18厘米，宽3～8厘米，先端钝或短渐尖，基部宽楔形或近圆形，全缘，侧脉每边6～7条，网脉不明显；叶柄长1～2.5厘米。花单生于叶腋，稀成对，雌雄同株；雄花：花被片红色，10～16片，中轮最大1片椭圆形，长2～2.5厘米，宽约14毫米，最内轮3片明显增厚，肉质；花托长圆锥形，长7～10毫米，顶端具1～20条分枝的钻状附属体；雄蕊群椭圆体形或近球形，径6～7毫米，具雄蕊14～48枚；花丝顶端为两药室包围着；花梗长1～4厘米，雌花：花被片与雄花相似，花柱短钻状，顶端无盾状柱头冠，心皮长圆体形，50～80枚，花梗长5～10毫米。聚合果近球形，红色或暗紫色，径6～10厘米或更大；小浆果倒卵形，长达4厘米，外果皮革质，不显出种子。种子心形或卵状心形，长1～1.5厘米，宽0.8～1厘米。花期4—7月，果期7—11月，如图4-2所示。

图4-2 布福娜

2.化学成分

果实中含有丰富的维生素C、氨基酸以及矿质元素，其中包括人体必需的7种氨基酸和8种非必需氨基酸，矿质元素中的Ca、Zn、Mn、Fe、Cu含量较为突出，但是氨基酸以及矿质元素的含量会根据不同地域果实而形成差异化。湖南、广西、云南等产地所测出的氨基酸以及矿质元素含量不一致，且存在较大差异，通道县所测出的氨基酸含量较低，但是Mn、Fe、Cu含量均高于其他猕猴桃等水果。同时，由于品种的不同，果肉中其他营养成分的含量存在一定差异，其中维生素c的含量为1.24～10.67毫克/克，粗纤维素含量为0.04～0.08毫克/克，蛋白质含量为0.04～0.011毫克/克，总糖含量为0.29～0.91毫克/克。

三、大青枣

大青枣 (*Zizyphus mauritiana* Lam.)别名印度枣、毛叶枣，为鼠李科枣属植物，常绿小乔木，原产印度，生于海拔1000~2500米的混交林中。引入我国台湾后经品种多代改良选育而成为经济栽培果树。果实营养丰富，脆甜可口，含有大量维生素C、钙、磷、维生素B、胡萝卜素等，素有"维生素丸"之称，有"日食三枣，长生不老"之说。

青枣的果形优美并具苹果、梨、枣的风味，其乔木，高达15米。幼枝被棕色短柔毛，小枝黑褐色或紫黑色，具皮刺。核果近球形或球状椭圆形，长1~1.2厘米，直径0.8~1.1厘米，无毛，基部有宿存的萼筒，成熟时红褐色；果梗长4~11毫米，有短柔毛；中果皮薄，内果皮厚骨质，厚约3毫米，2，稀1室，具1或2种子；种子黑褐色，平滑，有光泽，如图4-2所示。花期4—5月，果期6—10月。大青枣引进攀枝花后，主要产于米易县等地，因攀枝花独特的亚热带气候，大青枣出产时间较一般产区晚，为12月。

图4-3　大青枣

云南省（景东、景谷、耿马、勐海、景洪、富宁、普洱）是我国引进大青枣的主产区，攀枝花与云南比邻，气候条件相似，小范围引种大青枣后收获颇丰，加上可以培育晚熟品种，具有较好的推广前景。

大青枣目前以售卖鲜果为主，后期可考虑推广采摘等旅游副产业，增加农民收入，如图4-4所示。

图4-4　大青枣采摘园

四、蛋黄果

蛋黄果(*Lucuma nervosa* A.DC)，又名狮头果、蛋果、桃榄、仙桃等，为山榄科多年生常绿果树，属特优新稀热带水果之一。原产古巴和南美州热带，20世纪30年代开始引入我国。近年来，我国海南、广东、广西、云南、四川、福建等热带地区都有种植，部分地区已形成较大规模种植。作为特优新稀热带水果之一的蛋黄果，含有较丰富的磷、铁、钙、类胡萝卜素及人体必需的各种氨基酸，果肉可鲜食或加工制成果酱、奶油、饮料和果酒等；具有适应性强，病虫害少，果形美观多样、风味独特、营养丰富及特珍稀等特点，可以满足人们对果品消费趋向多元化及生态观光农业发展需要多样化果树种类的需求，同时具有反季节性，补充了淡季水果供应，具有广阔的市场开发前景，如图4-5所示。

图4-5　蛋黄果

攀果 *PAN GUO*

蛋黄果属常绿小乔木热带果树，株高6米左右，树冠半圆形或圆锥形；主干及主枝灰褐色，树皮纵裂，未成熟枝条披有褐色短绒毛；叶片互生呈螺旋状排列，厚纸质，长椭圆形或倒披针形，长26～35厘米，宽 6～7厘米，叶缘微浅波状，叶片先端渐尖，基部楔形，叶片中脉在叶面微凸起、在叶背则明显凸起；花聚生于枝条顶端叶腋，每个叶腋有花1～2朵，花小，长约1厘米，雄蕊多枚，部分退化，雌蕊花柱很短，柱头不明显，子房圆锥形，5室；肉质浆果，果形变化大，多为球形、桃形、长卵形或纺锤形、苹果形等，果蒂微凹，果顶常有乳头状凸起，未成熟果实青绿色具有白色乳汁，熟果黄色。食用部分为中果皮，肉厚，质疏松，粉质橙黄色似蛋黄，汁液少，储存 2—5天软化即可食用；内有种子1～6枚，种皮坚硬，褐色，具有光泽；一年中常常花蕾、花、小果、熟果同时并存，其中7月和11月熟果最多，11月之后虽有花果但易落果，小果期遇低温果实变硬，不能成熟，品质差。在台湾大多5—6月开花，花期长，12月开始成熟。常见有3种果实类型：桃形和纺锤形，果实较小，单果重100～150克，果顶乳突常歪向一边，产量高，不易裂果，种子也较少；圆果形，端正且较大，一般单果重150克以上，产量低，果实有种子1～4粒，单果重 120～150克，大果重330克以上。

五、红果参

红果参，又名蜘蛛果，山萝荠，算盘果，为长叶轮钟草的果实，为一种稀有兼具药用食用价值的野生水果，近年来被人们发现，并人工种植。红果参和蓝莓相似，果实不大，通常都是连皮带籽一起吃，其口感脆甜可口，可食率达100%，受到消费者的青睐，云南、四川、贵州、湖北、湖南、广西、广东、福建、台湾等地的山区有野生分布，云南、贵州、福建等地有零星栽培。四川伍阳农业开发有限公司在2017年引入攀枝花种植。

1.红果参的特征特性

红果参学名长叶轮钟草［*Cam-panumoea lancifolia* (Roxb.) Merr.］系桔梗科金钱豹属植物，属多年生直立或蔓性草本，有乳汁，通常全株无毛。

茎高可达 3 米，中空，分枝多而长，平展或下垂。叶对生，偶有 3 枚轮生，具短柄，叶片卵形，卵状披针形至披针形，长 6～15 厘米、宽 1～5 厘米，顶端渐尖，边缘具细尖齿，锯齿或圆齿。花通常单朵顶生兼腋生，有时 3 朵组成聚伞花序，花梗或花序梗长 1～10 厘米，花梗中上部或在花基部有 1 对丝状小苞片。花萼仅贴生至子房下部，裂片 5～7 枚，相互间远离，丝状或条形，边缘有分枝状细长齿；花冠白色或淡红色，管状钟形，长约 1 厘米，5～6 裂至中部，裂片卵形至卵状三角形；雄蕊 5～6 枚，花丝与花药等长，花丝基部宽而成片状，其边缘具长毛，花柱有或无毛，柱头 5～6 裂；子房 5～6 室。浆果球状，5～6 室，熟时紫黑色，直径 5～10 毫米。种子极多数，呈多角体，如图 4-6 所示。

图 4-6   红参果

红果参喜温暖（非阳光直射）湿润气候，喜阴湿环境生长，土壤要求不严，不耐霜冻。在年降雨量 800～1400 毫米、无霜期 205～255 天的环境中生长良好。野生环境下常生长于山间溪涧、水沟阴凉湿润的石缝中或林地边沿。引种驯化一般以砂质土壤、深厚土层下生长良好，存活率较高，抗性强，耐修剪。怕水耐旱，喜欢肥沃松散土壤。

六、黄皮

黄皮产于中国南方，距今已有 1500 多年的历史了。果实色泽金黄、光洁耀目、甜酸适口、汁液丰富而具香味，是色、香、味俱佳的水果，可与荔枝并称。攀枝花干热河谷特色生物资源工程技术中心于 2010 年左右引进栽培。

1.黄皮的特征特性

黄皮〔*Clausena lansium*（Lour.）Skeels〕，又名"黄枇""黄弹子""王坛子"，芸香科黄皮属小乔木，高达12米。小枝、叶轴、花序轴、尤以未张开的小叶背脉上散生甚多明显凸起的细油点且密被短直毛。叶有小叶5～11片，小叶卵形或卵状椭圆形，常一侧偏斜，长6～14厘米，宽3～6厘米，基部近圆形或宽楔形，两侧不对称，边缘波浪状或具浅的圆裂齿，叶面中脉常被短细毛；小叶柄长4～8毫米。圆锥花序顶生；花蕾圆球形，有5条稍凸起的纵脊棱；花萼裂片阔卵形，长约1毫米，外面被短柔毛，花瓣长圆形，长约5毫米，两面被短毛或内面无毛；雄蕊10枚，长短相间，长的与花瓣等长，花丝线状，下部稍增宽，不呈曲膝状；子房密被直长毛，花盘细小，子房柄短。果圆形、椭圆形或阔卵形，长1.5～3厘米，宽1～2厘米，淡黄至暗黄色，被细毛，果肉乳白色，半透明，有种子1～4粒；子叶深绿色。花期4—5月，果期7—8月。海南产的其花果期均提早1～2个月。

黄皮原产我国南部。台湾、福建、广东、海南、广西、贵州南部、云南及四川金沙江河谷均有栽培。世界热带及亚热带地区间有引种。

黄皮果有多个品种，有酸，有甜，也有早熟与迟熟之分。以果形而分，大致有：（1）圆粒种。果圆球形，有称为冰糖甜黄皮的即属此类。此中又分为大粒种与小粒种两类。大抵汁多、味清甜者为优。（2）椭圆形种。果椭圆形。果形较大，种子较多，味甜带酸，品质中等。（3）阔卵形，形如鸡心的称鸡心黄皮，比圆粒种早熟，果较小，通常有种子1粒，味清甜，品质优。此外，味酸的通常称为酸黄皮。实生树结出的果，味多偏酸。甜黄皮多作鲜食，酸黄皮用以加工果脯、果汁、果酱。甜黄皮以鸡心种最为著名，果大皮厚，种子一般3～4粒，也有独核品系，酸甜适中，肉黄白，形如鸡心，如图4-7所示。

图4-7　黄皮

2.黄皮的营养价值与功效

每100克黄皮含有78.93%水分、1.9%蛋白质、0.28%脂肪、548毫克维生素C、1.35毫克维生素B1、0.72毫克维生素B2、0.71%钙、0.022%磷、0.35%钾、0.016毫克胡萝卜素、0.33毫克烟酸，还含有丰富的黄酮类、香豆素类、生物碱等多种具有生物活性的化学成分，有杀虫、杀菌、抗炎、抗肿瘤、抗氧化、降糖、降脂等多种功效。黄皮是民间药食两用水果，黄皮果、根、茎、叶、果皮及果核皆可入药，有消食化痰、理气功效，用于食积不化、胸膈满痛、痰饮咳喘等症，并可解郁热理疝痛。

图4-8　黄皮果脯

黄皮叶性味辛凉，有疏风解表，除痰行气功效，用水煎服可防治流行性感冒、温病身热、咳嗽哮喘、水胀腹痛、疟疾、小便不利、热毒疥癞等症。黄皮种子油分含量高，出油率高达42%，因此还是一种优良的

天然润滑剂。

作为一种优质的水果，黄皮素有"果中之宝"之称，其果实成熟后除可以鲜食外，还可以加工制成果脯、饮料、果酒，或盐渍、糖渍进行保存。

七、火参果

火参果原产于非洲卡拉哈里沙漠的一种水果，2010年我国从非洲引入栽培，是一种新型瓜类水果作物，具有坐果能力强、果实外观漂亮、风味独特、经济效益高等优点。其适应性较强，在适于黄瓜、西葫芦种植的地方均能较好生长，攀枝花市农林科研研究院蔬菜所于2017年起引进栽培。

火参果（Horned melon，学名 Cucumis metuliferusE.Mey. ex Naudin），国内也称角瓜、刺角瓜、非洲角黄瓜、非洲蜜瓜、火星果等，为葫芦科甜瓜属一年生蔓性草本植物，为甜瓜或黄瓜的近缘种植物。火参果原产于非洲亚撒哈拉的热带和亚热带地区，蔓具有攀爬特性，表面具有刚毛，根系半木质化；叶片大小3.5～13.5厘米，深绿色，形状为近五边形至心形，边缘具有波状小齿；雌雄同株，雄花单生或簇生，雌花为单性花为主，少数种质为两性花，单生；果实以椭圆形为主，未成熟时为深绿色，成熟后转变为醒目的黄色或橙红色，表皮坚硬有刺、凹凸不平，类似于刺海参。果肉为果冻状，淡绿色、绿色或翠绿色，带有黄瓜、柠檬、香蕉的混合味道。

火参果属典型的短日照作物，适合在炎热、干燥的气候条件下生长，生长适温为15℃以上，低于15℃的气候条件不适合刺角瓜生长。自然状态下的火参果植物多分布海拔 200～1100米的河岸、河床或森林平原的沟壑边缘，在靠近赤道地区的分布上限可达到 1800米；火参果喜光，可在大多数土壤类型（包括岩石斜坡）上生长，以排水良好的砂壤土、富含有机质的冲积土为佳，能够在年降雨量低至 350～550毫米 的地区和有灌溉条件的干旱地区生长，如图4-9所示。

图 4-9　火参果

八、甜羊奶果

羊奶果果实外秀养眼、肉甜可口、营养丰富，是云南省德宏傣族景颇族自治州选育的一种天然优质的保健水果。野生的羊奶果酸涩味重。经德宏经济作物技术推广站专家多年研究，从实生类型中选育出来的纯甜型新品种，由云南省园艺植物新品种注册登记办公室于2010年3月组织专家鉴定、命名并注册登记。甜羊奶果是极具开发利用价值的果树，兼具观赏、食用、药用、环保等几方面功能。2010年年底，经攀枝花干热河谷应用生态研究中心、攀枝花干热河谷特色生物资源工程技术中心等机构引进栽培，实现了开花结果。

图 114　羊奶果

攀果 *PAN GUO*

1.甜羊奶果的特征特性

羊奶果为胡颓子科（*Elaeagnaceae*）胡颓子属（*Elaeagnus*）密花胡颓子(E—laeagnus conf erta Roxb)，又名南胡颓子、藤胡颓子。原产中国云南南部和广西南部，以及缅甸、越南、马来西亚、印度。羊奶果叶宽椭圆形，长 6～11 厘米，顶端骤尖，基部圆形或宽楔形，叶面幼时具银色鳞片，脱落后呈深绿色，上面银白色，被鳞片，侧脉5～7 对；叶柄长 8～10毫米。花银白色，被鳞片，多花腋生成总状花序，每花下部具苞片 1 枚；花梗长约 1毫米；花被筒短，瓶状钟形，长 3～4毫米，在子房上部先膨大，后收缩，顶端 4 裂，裂片卵形，长 2～2.5毫米，内面具白色星状柔毛，雄蕊 4，花柱疏生长柔毛。果大，长椭圆形，似羊奶状，长 2～4厘米，熟时红色，果梗粗短，花期 10—12 月，果熟期2月中旬至4月中旬。果子膨大，初期为绿色，随果子长大颜色逐渐变黄转红，果实由硬变软，涩味退去，甜度增加，口感越来越好。

羊奶果为热带、亚热带多年生常绿半攀援植物，初生枝条较柔软披散，无明显的主干，靠枝条间相互支撑呈棚状，如靠一直立树干搭架支撑冠幅可达数平方米。羊奶果野生性抗逆力极强，根系发达，耐旱、耐寒、耐土壤贫瘠、抗病虫害，营养生长和生殖生长能力特别旺盛，管理粗放亦有较好的收成。每个结果小枝除顶端的几个叶片外，其他叶腋都能孕育出数朵花，坐果率甚高，最终有的1个叶片会簇生 3～5 个果实。嫁接苗当年即可结果，实生苗可在种植后 2—3 年结果，盛果期一般株产 100千克，高的可达150 千克。

2.甜羊奶果的营养价值和药用价值

甜羊奶果果实营养丰富，每100克鲜果含蛋白质2.45克，水分90.6克，脂肪2.3克，碳水化合物5.1克，总酸量1.45毫克，钙20.6毫克，磷57.2毫克，胡萝卜素3.15毫克，维生素B 20.7毫克，维生素C 30毫克。还原糖、有机酸、蛋白质等含量较高，含可溶性固形物13%，含糖9%～10%。据报道，甜羊奶果果实含17种以上氨基酸，总含量高达6860毫克/100克干果，经加工后的羊奶果果汁饮料，氨基酸总含量仍达117.27毫克/100克。

检测资料显示，甜羊奶果含水量87.2%，可溶性固形物11.9%（其中总糖占9.20%，总酸占 1.62%），蛋白质占 0.72%，单宁占 0.10%，17种人体

可吸收利用的氨基酸总量为 0.52%，粗纤维占 0.23%，维生素 C 含量为 5.3
毫克/100 克，此外还含有钙、钾、锌、铁等 8 种有利于人体健康的微量元
素，是一种名符其实的优质水果，其深加工产品可与其他水果相媲美。

羊奶果除鲜食外，还可以加工成果汁、果酒、果酱、汽水、罐头、
蜜饯等。资料表明，羊奶果还具有较高的药用价值：中医学认为，羊奶果
根苦平、祛风利湿、行瘀止血，对传染性肝炎、风湿性关节病、咳血、便
血、崩漏、跌打损伤等有疗效；药用白绿色的叶子，称白绿叶，全年可
采，晒干，性味酸平煎汤内服6～10克可治疗尿路结石、支气管哮喘、慢性
肾炎水肿、胃痛等；果甘、酸、平，消食止痢，对肠炎、痢疾、食欲不振
等有治疗作用。

3.甜羊奶果的生态价值

羊奶果树一年四季常绿，且病虫害极少，是一种抗逆性很强的优质生
态树种。在山坡地种植，易栽、易管、易成林，覆盖率高，有助于绿化荒
山，为广大民众所喜爱。甜羊奶果花果观赏期长，从开花到果实采收时间
长达5 个月。果实成熟时，一枝枝摞满果实、红艳艳、沉甸甸的枝条，充满
了丰收的喜悦感。

九、金江镇甜杏

杏是重要经济果树树种，营养极为丰富，内含较多的糖、蛋白质以
及钙、磷等矿物质，另含维生素A、维生素C和B族维生素等。攀枝花市
地处金沙江干热河谷腹心地带，南亚热带为基带的立体气候，该地区海拔
1600～2200米中高山区是杏的优生区域。该区域属山原亚热带半湿润气候类
型，夏无酷热，冬无严寒，年均温15℃～19 ℃，冬季日平均气温8℃左右，
这里的气候很适合杏生长。

1.甜杏的特征特性

杏（学名：*Prunus armeniaca* L.），落叶乔木。地生，植株无毛。叶互
生，阔卵形或圆卵形叶子，边缘有钝锯齿；近叶柄顶端有二腺体；淡红色
花单生或2～3个同生，白色或微红色。圆、长圆或扁圆形核果，果皮多为

白色、黄色至黄红色，向阳部常具红晕和斑点；暗黄色果肉，味甜多汁；核面平滑没有斑孔，核缘厚而有沟纹。种仁多苦味或甜味。花期3—4月，果期6—7月，如图4-11所示。

图4-11　杏特征图

杏树是乔木，高5～8（12）米；树冠圆形、扁圆形或长圆形；树皮灰褐色，纵裂；多年生枝浅褐色，皮孔大而横生，一年生枝浅红褐色，有光泽，无毛，具多数小皮孔。叶片宽卵形或圆卵形，长5～9厘米，宽4～8厘米，先端急尖至短渐尖，基部圆形至近心形，叶边有圆钝锯齿，两面无毛或下面脉腋间具柔毛；叶柄长2～3.5厘米，无毛，基部常具1～6腺体。花单生，直径2～3厘米，先于叶开放；花梗短，长1～3毫米，被短柔毛；果实球形，稀倒卵形，直径约2.5厘米以上，白色、黄色至黄红色，常具红晕，微被短柔毛；果肉多汁，成熟时不开裂；核卵形或椭圆形；种仁味苦或甜。花期3—4月，果期6—7月。

2.甜杏概述

攀枝花地区从2002年引种试种金太阳杏，2004年初果。目前，金太阳杏栽培面积达70余公顷，每公顷产量13350千克，果实售价 30～40元/千克，每667公顷 产值达26700元。期间也引种凯特杏。在种植过程中，果农也遇到前所未有的瓶颈：果实光开花不结果。由农科院专家到户进行指导，发现凯特和金太阳还真是货真价实的"情侣树"。凯特杏树开的花多

1.形态特征

常绿灌木，成长缓慢，树高4～15米，枝梢分枝与成枝能力较强，树姿开张，树冠为自然圆头形。根系分布较浅，深度小于70厘米，以须根为主。树皮细薄，呈灰白色或浅褐色至微红色，具有缓慢脱落特性；果实采收后至萌发新芽期间，老旧树皮会剥落。叶对生，叶柄短，有茸毛，叶片革质，深绿色有光泽，披针形或椭圆形。

花簇生于主干和主枝上，有时也长在新枝上；花小，白色，雄蕊多数，顶着淡黄色的小花粉，散发出阵阵清香。花落后，小幼果三五成群地探出来，果实球型，果实从青变红再变紫，最后成紫黑色。成熟的果实直径1.5～4厘米，直接着生于老树枝和树干上，成熟果的肉呈多汁半透明。具1～4颗种子，果皮外表结实光滑，如图4-14，图4-15所示。在原产地和中国台湾，嘉宝果每年可多次开花结果，最多可达6次，平均每2个月就有果产出，在同一株树上果中有花，花中有果，熟果中有青果。

图4-14　嘉宝果1

图4-15　嘉宝果2

2.生长环境

嘉宝果喜温暖湿润的气候，一般生长在海拔1000米以上，年降水量约1200毫米的地区，适宜温度22℃～25℃，具有一定的耐低温特性。嘉宝果不耐盐碱和水涝，适宜于微酸性和排水性良好的土壤。

嘉宝果在中等雨量条件下的亚热带气候最适宜繁殖成长，而且其耐低温特性较好，很多品种可以在-2.6℃低温条件下生存，更有一些种类可以耐-4.3℃低温环境。嘉宝果生性属于偏阳生植物，喜爱全天太阳光照或者少量绿荫，具有较强的耐短时间干旱性能。同时，嘉宝果对环境土质的适应性极好，其中以土壤松实、肥沃的偏酸性砂粒类型的肥土最适宜生长。

3.主要价值

（1）药用价值。

嘉宝果的叶、果实、果皮等含有丰富的黄酮类、花青素、单宁和酚酸等物质，具有很强的抗氧化、抗炎症、抗菌、抗癌的生物活性，其提取物在临床上用于治疗癌症、糖尿病、高血压、冠心病、咯血、哮喘、腹泻、慢性扁桃体炎、风湿及类风湿等疾病。

（2）食用价值。

嘉宝果在完全成熟条件下，其果实一般呈现为半透晶状态，非常软绵，富有甜甜汁水，食用口感极佳，甜味程度在11～15度范围内。大量的报道表明，嘉宝果自身含有人体所需的多种营养元素、大量矿物质元素和一些微量元素，而且其蛋白质、糖以及纤维含量分布均匀，维生素B和锌元素的含量十分丰富，一般条件下都可以满足人们生活中对水果成分低糖、低脂的要求。

（3）经济。

根据大量统计报道，嘉宝果在满产条件下独树年产将近百斤，经济收益十分可观。而且为了避免果实不易保存，嘉宝果也能够实现多方面的发展，可以通过加工制作为水果汁或者水果酱等健康佳品，十分具有开发利用潜力。根据嘉宝果的生物活性用作食品保鲜剂、食品添加剂和天然色素。

（4）观赏。

嘉宝果一般属于灌丛树木，一年之中呈现常绿态，树木体形妖娆，可以称之为是十分罕见难得的自然优美树种。经过数年后，长大成熟的嘉宝果树木一年中通常条件下是开4次花，结4次果实，开花季节集中在3月、6月、8月和10月，与之对应的结果采摘期分别是5月、7月、10月和12月。四季变换交替，可以说是花果相依，花中有果，果中有花，美景良辰，具有极佳的观赏效果。成熟之后的果实就好像一粒粒闪亮光洁的黑色珍珠停留于树干之上，十分美观，特别适用于大片院林用树，如图4-16所示。

图4-16 嘉宝果3

十三、梨果仙人掌

梨果仙人掌〔学名：*Opuntia ficus-indica* (Linn.) Mill.〕：仙人掌科，人掌属肉质灌木或小乔木，高1.5～5米。梨果仙人掌中Ca、P、Fe、Zn、Mn等人体必需元素的含量很高，尤其是钙、铁、锰显著高于一般蔬菜。梨果仙人掌具有降血糖、降血脂、降血压功效。

梨果仙人掌，原产墨西哥，为热带美洲干旱地区重要果树之一，在中国四川、贵州、云南、广西、广东、福建、台湾、浙江等地区均有栽培，其浆果味美可食，植株可放养胭脂虫，且可生产天然洋红色素。

1.形态特征

灌木至乔木状。茎节长圆形至匙形，长20～60厘米，厚而平坦，蓝粉色。野生植株茎节上的小窠具1～5枚白色或淡黄色开展的针刺，温室栽培的植株刺常退化，无刺或具白色刺毛状刺，倒刺毛早落。花黄色至橙黄色，直径7～10厘米；花托倒卵形，基部圆形，具多数小窠；花瓣长圆形，先端具尖头。浆果倒卵状椭圆形，长5～9厘米，先端凹入，有红、紫、黄或白色，因品种而异，如图4-17所示。

图4-17　梨果仙人掌的浆果

2.繁殖方法

仙人掌养殖方法常用的是扦插繁殖。扦插时间：在正常条件下，以5至6月扦插最为适宜。有温室的地方，全年均可进行。

3.主要成分

仙人掌中的成分较为丰富，主要包括纤维、矿物质、多种氨基酸、较多的脂肪、植物甾醇和微量元素等。此外，在仙人掌中还发现了许多不同的生物活性化合物，包括甜菜碱、半乳糖和阿拉伯糖的多糖成分、3-O-甲基去氧槲皮素、异鼠李素、槲皮素、β-谷甾醇、7-氧代谷甾醇、6-β-羟基菜甾醇、杜仲酸等。

十四、猕猴桃

猕猴桃是公认的"维C之王"，其果肉中维生素C含量高大62毫克/100克。除了维生素C，还含有丰富的葡萄糖、果糖、柠檬酸、苹果酸，以及Ca、K、Se、Zn等微量元素和人体必需的17种氨基酸，营养物质非常丰富。果肉鲜嫩，质地柔软，口感酸甜，其味道结合了菠萝、香蕉和草莓三者之长，深受广大消费者喜欢，如图4-18所示。

图4-18 各式各样的猕猴桃

1.猕猴桃特征特性

猕猴桃，一般指中华猕猴桃（拉丁学名：Actinidia chinensis Planch.），也称奇异果，在园艺学上分类属于浆果类水果。大型落叶藤本，幼枝被茸毛或硬毛或硬毛状刺毛，颜色为灰白色或褐色或铁锈色，老枝一般光滑或有少量残毛；雌雄异株，花枝在4～20厘米，直径4～6毫米。叶片为卵形或近圆形，长6～17厘米，宽7～15厘米，叶片正反面一般被毛。为聚伞花序，

1～3朵花，花色由最初的白色变为淡黄色，花瓣平均5片；果实椭圆形、倒卵形、圆柱形或近球形，果皮被毛或光滑，果肉颜色有绿色、黄色或红色三种类型，如图4-19所示。

图 4-19　猕猴桃

　　我国是世界猕猴桃的原产地，在我国的湖南、湖北、陕西、四川、安徽、河南、浙江、江苏、福建、江西、广东和广西等省（区）都有分布。当前，猕猴桃栽培生产分布于世界5大洲23个国家和地区，截至2019年年底，中国猕猴桃栽培面积为436万亩，总产量达300万吨，挂果面积和产量稳居世界第一。2022年，陕西省猕猴桃种植面积99.91万亩，产量达到138.85万吨，产业规模占全国的40%左右，位居全国第一。猕猴桃有54个种、21个变种，共存在75个分类单位。

2.攀枝花猕猴桃现状

　　猕猴桃在攀枝花市种植的面积并不大，引种的年代也较晚，盐边县国胜乡大毕村建有攀枝花第一家也是唯一一家猕猴桃生产栽培基地，种植面积仅有几十亩。国胜乡独特的环境气候条件，造就了国胜猕猴桃独特的口感和味道，在种植基地栽培有红心猕猴桃和黄心猕猴桃两个品种，猕猴桃的种植采用有机种植的理念，提升了猕猴桃的品质，成为攀枝花市特色水果之一，如图4-20所示。

图 4-20　国胜猕猴桃生产基地

3.红心猕猴桃

红心猕猴桃是新品种，属中华猕猴桃中的红肉猕猴桃变种，是特早熟红心品种，其子代遗传性状稳定，抗逆性强，果实较大，风味浓甜可口，较耐贮藏。红心猕猴桃在海拔低的地方种植其果肉红色变淡，在海拔1000米以上的地方种植其果肉红色特征明显，如图4-21所示。

图 4-21　红心猕猴桃

图 4-22　黄心猕猴桃

4.黄心猕猴桃

黄心猕猴桃也是来源中华系猕猴桃品种。其生态适应性良好，且丰产稳产，果实品质优良，口感清甜爽口，营养价值极高。抗高温干旱能力强，具有较强的抗病虫能力，以海拔1000米以上的地区栽培最能体现其果实黄心的特性，如图4-22所示。

十五、攀枝花车厘子

车厘子（*Prunus avium*（1.)L.）属蔷薇科樱属，也叫西洋樱桃、大樱桃、甜樱桃、欧洲樱桃，俗称车厘子为cherries的音译。车厘子喜光、喜温、喜湿；其适宜在光照充足，年平均气温15℃左右，年降雨量 700～1000毫米，土壤质地疏松，pH 值6～7.5的砂质土壤中栽培。由于车厘子根为垂直分布，常集中在20厘米的疏松土质中，因此，不宜种植在重黏土中。

车厘子果实艳丽、风味可口、成熟早、耐贮藏、耐运输、货架期长，富含铁、维生素C、维生素E等营养物质，具有健脾养胃、补益肝肾、养血等功效，备受人们的喜爱。

目前，车厘子主要产自美国、澳洲、加拿大、智利和马来西亚等国家，在我国的广东、辽宁、河南、湖北、山西、四川等地均有栽培。攀枝花车厘子在米易县有部分种植，已经成功上市，如图4-23所示。

图 4-23　车厘子

十六、刺梨

刺梨在攀西地区野生资源丰富，其果实含有丰富的维生素C、维生素P和超氧化物歧化酶（SOD）等强抗氧化生物活性物质，具有很高的药用及康养价值，素有"维C之王"的美誉，深受国内外消费者喜爱。刺梨适应性强，病虫害少、适宜范围广、经济效益高，是攀西地区极具开发利用价值的野生水果。

1.刺梨的特征特性

（1）形态特征。

刺梨为蔷薇科蔷薇属多年生落叶小灌木缫丝花（*Rosa roxburghii Tratt*），又名山王果、刺莓果、佛朗果、茨梨、木梨子，刺菠萝、送春归、刺酸梨子、九头鸟、文先果等。株高1.0～2.5米，树皮灰褐色，成片状脱落；小枝圆柱形，斜向上升，基部稍扁而成对皮刺。小叶9～15片，连叶柄长5～11厘米，椭圆形或长圆形，稀倒卵形，长1～2厘米，宽6～12毫米，先端急尖或圆钝，基部宽楔形，边缘有细锐锯齿，两面无毛，背部叶脉突起，网脉明显，叶轴和叶柄有散生小皮刺；托叶大部贴生于叶柄，离生部分呈钻形，边缘有腺毛。花单生，稀2～3簇生，直径4～6厘米；花梗短，小苞片2～3枚，卵形，边缘有腺毛；萼片通常宽卵形，先端渐尖，有羽状裂片，内面密被绒毛，外面密被针刺；花单瓣，粉红色至深红色，微香，倒卵形，直径4～6厘米，雄蕊多数着生在杯状萼筒边缘；心皮多数着生在花托底部；花柱离生，被毛，不外伸，短于雄蕊。蔷薇果为花托发育膨大形成的假果，扁球形或圆锥形，稀纺锤形，直径2～4厘米，熟时黄色，外面密被针刺；萼片宿存，直立。花期4—6月，果期8—10月，如图4-24、图4-25、图4-26、图4-27所示。

图 4-24　野生刺梨植株

图 4-25　刺梨叶片形态

图 4-26　刺梨花形态

图 4-27　刺梨果形态

（2）生物学特性。

刺梨适宜生长于温和气候下，在年平均气温11.0℃～16.5 ℃，≥10 ℃的有效积温为3100℃～5500 ℃的地区，刺梨生长发育均良好。刺梨的枝可以忍耐-10 ℃左右的低温。已经萌动的芽和初展开的幼叶对低温的忍耐力弱，当气温降到3℃～5 ℃时则出现寒害。由于刺梨芽的萌动期较早，容易受到倒春寒或晚霜危害。刺梨为喜光果树，但不耐强烈的直射光，以散射光最有利于生长发育。散射光充足时，树冠分枝多，生长强壮，花芽形成多，产量高，品质好；光照不足则分枝少而纤细，内膛枝易枯死，产量低；在强烈的直射光照下，植株矮小，结果虽多，但果实小，果肉水分少，纤维发达，品质低劣。

刺梨属喜湿植物，在湿润环境下，刺梨植株生长健壮，枝多叶茂，高产，果大质优。刺梨的抗旱力弱，在黄壤条件下，萎蔫系数为22.67%。在土壤干旱及空气干燥的条件下，刺梨生长较弱，叶易枯黄脱落，结果也少，且果小涩味重。刺梨的耐湿力较强。即使在较潮湿的土壤中，也能正常生长结实。刺梨在pH值5.5～6.5的微酸性壤土、砂壤土、黄壤、红壤、紫色土上都能栽培。耐瘠力弱，因此栽培时要求园地土壤的土层深厚、肥沃，保水保肥性强。在保水保肥性差的土壤上，刺梨植株生长弱，产量低，品质差。

2.攀枝花刺梨概述

攀枝花野生刺梨资源较为丰富，在米易、盐边、西区及仁和区海拔1500米以上疏林及稀树草原地带广有分布。近年来，攀枝花学院韦会平教授等对当地野生刺梨资源开发利用进行了初步研究，并在当地进行了小面积试种研究，研发了系列刺梨养生产品初步投放市场，表现出了良好的开发利用前景。

3.攀枝花刺梨的主要品种

近年来，攀枝花学院韦会平教授等进行试种和推广栽培的刺梨主要有以下三个品种。

（1）攀枝花野生刺梨。由米易野生刺梨驯化而来，适应性强，病虫害少、果实较小、肉质较硬、纤维和单宁含量较多，鲜果维生素C含量可达2%以上，如图4-28所示。

（2）贵农8号。引种自贵州六盘水，由贵州大学培育在全国推广的优良品种。长势强、果实大、肉质脆、纤维和单宁含量较少，鲜果维生素C含量在1.5%以上，如图4-29所示。

图 4-28 攀枝花野生刺梨　　　　　图 4-29 贵农 8 号

（3）无籽刺梨。引种自贵州安顺，为蔷薇属一新变种。该品种树体不高，冠幅较大，枝条较密，花型较多并稍大于普通刺梨，花期较长，有特殊香味，是很好的观赏和绿化植物。鲜果略小于普通刺梨，单无籽，含糖量高，无酸涩味，口感很好，维生素含量在1.2%以上，果实成熟于 10—11 月，比普通刺梨稍晚。该品种抗旱、耐涝、耐贫瘠，适应力较强，在黄壤、石灰土、黄棕壤的石山地、半石山地、河堤、路边、渠沟旁和撂荒地等地均可种植，一般以阳坡生长为宜。而土壤肥、阳光充足、灌溉便利的地方可成为优良无籽刺梨种植基地的选址条件，能达到早果、丰产的效果，如图4-30所示。

图 4-30　无籽刺梨（图中果小者）和普通刺梨（图中果大者）果实形态比较

十七、攀枝花杨桃

1. 攀枝花杨桃概况

杨桃（*Averrhoa carambola* L.）属杨桃科杨桃属（Averrhoa）热带常绿果树，是常绿小乔木或灌木，浆果一年四季交替互生。杨桃又名阳桃、五棱子、酸五棱、五捻、洋桃、五棱果等，因果实横切面呈星形，也被称为星梨，如图4-31所示。杨桃果实芳香清甜、果汁充沛，对人体有助消化、滋养和保健功能，可消除咽喉炎症及口腔溃疡，防治风火牙痛。杨桃有美容保健功效，还可作观赏果树。杨桃原产于东南亚，在中国云南西双版纳海拔600～1400米的热带雨林、热带季雨林、南亚热带季风常绿阔叶林中都发现有野生杨桃零星分布。杨桃在中国有两千多年的栽培历史，主要分布在广东、广西、福建、海南、云南、台湾等省。目前，杨桃在攀枝花市栽培成功，在仁和区大龙潭乡混撒拉村有零星种植，并已成功上市。杨桃作为四季果，在攀枝花一年四季均可采收，果实从7月底至次年2月陆续成熟。

图4-31　杨桃

十八、神秘果

神秘果［学名：*Synsepalum dulcificum* (Schumach. & Thonn.) Daniell］是山榄科神秘果属植物，多年生常绿灌木。原产于西非加纳、刚果一带，

攀果 *PAN GUO*

目前在热带、亚热带地区均有栽培。20世纪60年代后，神秘果被引入中国海南、广东、广西、福建、四川、贵州等地栽培。神秘果喜高温、高湿气候，有一定的耐寒耐旱能力，如图4-32所示。

图4-32　神秘果

1. 神秘果形态特征

神秘果树高 3～4.5米，枝、茎灰褐色，枝上有不规则的网线状灰白色条纹，分枝部位低，枝条数量多，若温度适合全年可抽发新梢，呈浅红色，叶枝端簇生，每簇有叶 5～7 片，叶互生，琵琶形或倒卵形，叶面青绿，叶背草绿，革质，长 3.6～7.6 厘米、宽 2.7～3 厘米，叶柄短0.5厘米左右，叶脉羽状。神秘果开白色小花，单生或簇生于枝条叶腋间，花瓣5瓣，花萼5枚，有特殊的椰奶香味，柱头高于雄蕊。果实为单果着生，椭圆形，长 1～1.5 厘米、宽 0.6～1 厘米，平均单果重2克。成熟时果鲜红色，光滑且薄，果肉白色，可食率低，味微甜，汁少。每果具有1粒褐色种子，扁椭圆形，有浅沟。每年有3次盛花期，在2—3月、5—6 月、7—8月开花，4—5 月、7—8 月、9—11 月果实成熟，若其他月份温度适合可零星开花成熟，如图4-33、图4-34所示。

图 4-33　神秘果花　　　　　　　　图 4-34　神秘果

2.神秘果主要价值

　　神秘果枝条弹性好，耐修剪，树形优美，花、叶、果都具有较高 的观赏价值，是理想的绿化树种，也适合作圆形或云片式树形的盆景。

　　从神秘果中提取的神秘果素具有很强的增甜作用，据报道 0.1毫克的神秘果素即可产生持久的增甜作用；从神秘果果皮中提取的红色青甙色素和黄酮醇色素，可作为食品和饮料的着色剂；神秘果经浓缩 加工而成的干粉可配制成能咀嚼的食品；还有神秘果素可作为抑制食 欲的药物，可开发用于减肥药和抑制食欲的药物。

十九、台湾凤梨

　　凤梨［*Ananas comosus* (Linn.) Merr.］俗称菠萝，是一种重要的适合热带、亚热带种植的果树，其果实由许多小果实组成，形成聚花果或聚合果。凤梨因果实顶端有一美丽的冠芽，形似凤尾，果实像梨，因此称为凤梨，如图4-35所示。台湾还称其为"旺梨"，意为兴旺发达。凤梨植株茎短，叶多莲座式排列，花序如松球、花期夏季至冬季，聚花果肉质。

　　凤梨原产于美洲热带地区，在16世纪初传入中国，在我国广东、福建、海南、广西、云南、台湾有栽培。在台湾叫凤梨，在大陆一般称为菠

攀果 PAN GUO

萝。台湾凤梨是凤梨科、凤梨属的植物，又称为无眼菠萝，其果实可食用，为台湾三大名果之一。

图4-35　凤梨

目前，盐边县红格镇的台湾凤梨产业园有约600亩凤梨栽培，长势良好；与国外品种相比，攀枝花产菠萝具有产量高、口感好、便于食用等特点，经济价值较高。

1.攀枝花凤梨种植

旱地果园一般穴植。冠芽栽培深度为3～4厘米，裔芽栽培深度为6～7厘米，栽植后若发现干枯、腐烂、缺株的需及时补栽。苗期栽培成活后进行2～3次根外追肥；结果期，花序分化发育时，增施花前肥；采果后及时施肥，可恢复树势；冬季低温来临前可施钾肥，以增强植株抗寒力。

在自然情况下，80%凤梨在夏季成熟，称为夏果；20%在冬季成熟，称为冬果。但凤梨的生产成熟期可以调节，以保证工厂所需原料能适时适量供应，以及使鲜果适时供应市场。调节凤梨成熟期的药剂以乙烯和乙炔为主，可将乙烯和乙炔在田间注入凤梨花蕊约50毫升，吸收后，可以诱导花芽分化。

2.凤梨病虫害

凤梨病虫害主要有心腐病、根腐病、炭疽病、叶斑病、锈病等，虫害主要有蚧壳虫、红蜘蛛、袋蛾、毒蛾、毒蛾、蜗牛等。主要采用综合防治方法进行防治。栽培种要控制挂果量，并于每年5、7、9月各施1次经发酵过的有机肥，黄腐酸钾促进植物根系生长、肥料吸收，增强树势。病害以防治根腐病为主，引致根腐病的主要原因是雨季受浸。

二十、无花果

无花果（*Ficus carica* L.）属桑科榕属植物，是人类驯化最早的经济作物和世界上最古老的栽培果树之一，分布于地中海沿岸，从土耳其至阿富汗，中国唐代即从波斯传入。无花果集经济、生态和观赏价值于一体，是一种多年生落叶灌木或小乔木，属于亚热带浆果类果树。无花果具有营养保健及药用价值。无花果喜光，耐旱、耐湿、耐盐碱、耐高温，不耐严寒、不耐涝，对土壤要求不高，生态适应性强。在我国，无花果产地主要分布在山东、四川、新疆等地，江苏、上海、浙江、福建、广东、陕西和广西等地也有零散种植，目前我国无花果种植面积已超过2019年的2.7万公面，具有很大的市场开发价值和发展潜力。

无花果是目前投产快、结果期长的果树之一，而且易栽培、好管理，当年花芽分化当年结果，具有早果，丰产稳产等优势。无花果夏果于每年7月上市，秋果为8—10月，不同的种植品种和地区，成熟时间有一定差别。攀枝花仁和无花果一般为8月左右上市。

无花果一般选用品种纯正，直径1.5厘米以上或两年生的苗木，根系发达，无明显损伤，没有病虫害或检疫性病虫害的苗木进行定植，一般采用春栽，时间为3月上旬至4月中旬。农药使用必须严格按照《绿色食品农药使用原则》（NY/T 393-2013）执行。以"预防为主，综合防治"的植保方针为指导，以农业防治为基础，综合运用物理防治、生物防治、化学防治等技术，经济、安全、有效地控制无花果病虫害。一是保持园内清洁，及时清除杂草、病叶、烂果、枯枝落叶及修剪副梢等。二是秋季越冬前清除枯枝落叶以预防病虫害。三是埋墩前和开墩后用石硫合剂结晶200倍液或多菌灵800倍液或70%代森锰锌进行均匀喷雾，对全树和沟内地面进行消毒，以防治无花果病虫害。

攀枝花市具有气候干燥、光热资源丰富、光照时数长、降水量少、无霜期长、病虫害少等特点，不仅能满足无花果的生长，还可以延长无花果的结果期，后期还可进行鲜食、加工、观光与采摘旅游相结合发展，提高当地经济收入。《本草纲目》载："无花果味甘平，无毒，主开胃、止泄痢、治五痔、咽喉痛"。无花果味甘甜如柿而无核，营养丰富而全面，如图4-36、图4-37所示。

图4-36　无花果

图4-37　无花果冻干片

二十一、西印度醋栗

西印度醋栗［*Phyllanthus acidus* (Linn.) Skeel］，属大戟科(Euphorbiaceae)，叶下珠属(Phyllanthus)植物，为常绿灌木或小乔木。夏至秋季开花，花后坐果率较高，成熟果实扁球形，具凸棱，淡黄绿色，可食用，生食口感爽脆，水分多，但味酸，主要用于制造果酱、果汁、或是腌渍后食用，原产地是马达加斯加岛，如图4-38所示。

图4-38　西印度醋栗果实

1.形态特征

西印度醋栗性喜温暖潮湿且全日照之环境，为一种热带果树，为大戟科少数可食用果实的树种之一，据说西印度醋栗源自马达加斯加岛，被带到印度东部后再辗转至菲律宾及附近的海岛，那时并未被广泛的栽培，后来在印度尼西亚、越南等地才逐渐大量种植。西印度醋栗树高2～5米。叶全缘，互生，先端尖，卵形或椭圆形，长2～8厘米，宽1～4厘米。穗状花序，花红色或粉红色，果实外皮淡黄色，呈扁球形，6～8个角，每颗果实约有4～6个种子。若以种子播种栽种约4年可结果，夏季至秋季由枝干开花，在热带地区，花期一年可达2季，第一次为4—5月；第二次为8—9月，开花后结果，每颗果实含6～8粒种子，如图4-39、图4-40所示。

图 4-39　西印度醋栗花

图 4-40　西印度醋栗

2.主要价值

西印度醋栗果实水分多、酸度高，肉多质脆，成熟后酸味较淡，一般作为调味料使用或是腌渍后食用，未熟果味极酸，可当调味品。成熟果酸味淡，可制造果酱、果汁、蜜饯或用糖浸、盐渍。木材为浅褐色，质地细致，相当坚硬强韧，但干燥后的木材缺乏耐久性。

西印度醋栗拥有美白和抗老化的主要成分，蕴含低分子量水解丹宁 酸等活性成分，可以使皮肤亮丽有光泽，它还含有稳定而大量的维生素C、能使身体产生天然阻断自由基以及天然抗氧化等功用，它能使人体有效的防止细胞受到自由基的伤害，并且能减少黑色素沉积，促进胶原蛋白合成，还可以抑制透明质酸酶对皮肤的破坏，让美白抗老 化都能由自身的身体完成。

西印度醋栗的抗氧化功能是石榴的17倍、蓝莓的29倍、香蕉的197倍，它同时还是所发现的所有植物当中，能在进入人体之后维持营养效果时间最长的，并且，如果能在日常生活饮食中进食印度醋栗的话，将能有助于维持心血管和肝功能的健康。

二十二、香橼

香橼(学名：*Citrus medica* L.)，又名枸橼，为芸香科柑橘属柑橘亚属枸橼区植物。是常绿小灌木或小乔木植物，生长于海拔1700米以下的高温多湿环境，是食药同源特色水果。香橼作为水果，色泽金黄、芳香四溢、爽脆甘甜。

香橼与佛手有相同食疗作用，具有疏肝理气、宽胸化痰、除湿和中的功效，主治食滞呕逆、胸腹胀痛、咳嗽痰多、水肿脚气等多种病症。香橼具有很好的食用价值、药用价值、观赏价值，加之近年来食药同源的养生食品备受人们欢迎，因此香橼开发前景十分广阔。

1.香橼的生长习性

香橼为热带、亚热带水果，喜温暖湿润气候，怕霜冻，不耐严寒及干旱。适宜在海拔1700米以下、冬季最低温度3℃以上、年降雨量800毫米以上的冬无严寒、雨量充沛的地区栽培。以土层深厚、疏松肥沃、富含腐殖质，排水良好的壤土、砂质壤上栽培为宜。香橼是常绿果树，一年要经过新梢抽发、开花、结果、果实成熟等阶段。香橼具有很强的抽梢能力。春、夏、秋季均可抽发新梢，一般一年要抽发 3～4 次新梢，冬季停止抽梢。香橼可一年四季开花，但以春季开花为主，秋、冬季开花少，且所结果实不能正常成熟。

2. 香橼的形态特征

香橼是不规则分枝的灌木或小乔木。新生嫩枝、芽及花蕾均呈暗紫红色，茎枝多刺，刺长达 3厘米。单叶、稀兼有单身复叶，有关节，但无翼叶；叶柄短，叶片椭圆形或卵状椭圆形，长 6～12厘米，宽 3～ 6厘米，或有更大，顶部圆或钝，稀短尖，叶缘有浅钝裂齿。总状花序有花可达 12 朵，有时兼有腋生单花；花两性，有单性花趋向，则雌蕊退化；花瓣5片，长 1.5～2厘米；雄蕊30～50 枚；子房圆筒状，花柱粗长，柱头头状，果椭圆形、近圆形或纺锤形，重可达 3000克，成熟果实果皮淡黄色，粗糙，难剥离，果肉白色或淡乳黄色，爽脆，略甜，有香气，瓢囊 10～15 瓣；种子平滑，子叶乳白色，多或单胚，如图4-41所示。花期 4—5 月，果期 10—11 月。

图 4-41 香橼果实

二十三、雪莲果

1.雪莲果的生物学特征

雪莲果是菊科多年生草本植物，又叫菊薯、雪莲薯、地参果。茎直立，圆形实心，紫红色，丛生，高2～3米。叶对生，宽心脏形，表面粗皱，稍厚，叶长25～30厘米，宽15～20厘米，叶柄长7～12厘米。头状花序簇生于茎顶，花盘3～6，舌状花、黄色，瘦果。须根系，分布于耕层5～30厘米，块根纺锤形。块茎着生于根茎部，不规则形，表皮粉红色。特耐强光，喜中低温，忌涝怕旱。在年均气温18℃以下的地区都能生长。生长适温5℃～25℃，最适气温10℃～20℃，相对湿度80%～85%。雪莲果块根皮薄汁多、无渣。

雪莲果可生长至1.5～3米高。它的地下部分主要是由鳞状块茎发育而来，并且由呈纺锤形（由于周围环境的压力，它会形成不规则的形状）块根和大量的细纤维状根系组成。块根的生长是由根皮中维管束薄壁组织的增殖引起的，其中薄壁细胞主要积累糖分，有时也会积累色素。根据色素的不同，其肉质茎的颜色可分为以下几种：白色，淡黄色，白色带紫色条纹，紫色，粉红色和黄色。块根的表皮颜色主要有以下几种：棕色，粉红色，略带紫色，淡黄色和乳白色。

雪莲果的茎为圆柱状（或略带棱角），成熟时中空（无性系的有少量分支），被有线毛，颜色为绿色至淡紫色。底部的叶片为宽卵圆形，戟状或长戟状，并在基部呈耳状上部叶子呈卵圆形或披针形，没有耳状或戟形基部；上部叶和基部叶都被有浓密线毛。上表皮和下表皮都有毛状体，腺体内均含有萜类化合物雪莲果的花絮生长在植株顶端，由1～5个花轴组成，每个花轴有3个头状花絮，花梗覆有绒毛，5个总苞片，单列或呈卵形。花瓣颜色为黄色至橙黄色；舌状花有2到3个齿合。不成熟的蒴果是紫色，成熟时则变为深棕色或者黑色，如图4-42所示。

图 4-42　雪莲果形态

2.雪莲果的生长特征

雪莲果一般在3—4月栽植，11—12月收获。生长期约8个月，可分4个阶段，即出苗期、生长期、成熟期和后熟期。据初步观察，4月下旬至5月下旬为发芽出苗期；6月上旬至7月下旬为植株迅速生长和分蘖期；8月上旬至下旬为块根期；9月上旬至11月上旬为块根迅速膨大期；10月中旬至11月中旬为开花期；11月下旬至12月为块根成熟期。

雪莲果特别适宜在海拔1000～2300米的砂质土壤中生长，喜湿润土壤，生长适宜温度为20℃～30℃，在15℃以下生长停滞，不耐寒冷，遇霜冻茎秆枯死。雪莲果是长日照作物，喜光照，在长日照条件下生长较好能开花但不结子，以鳞状块茎无性繁殖为主。生长期约200天，一般春季或夏初栽植，秋季收获，当茎顶开出的花凋谢后即表示块茎已经成熟。雪莲果适应性较强，喜光，喜温暖，具有一定的耐寒性和抗旱性，忌水涝，生长环境与山芋相似。土块温度15℃～18℃有利于种球发芽，短日照有利于果实生长。果实生长依次从植株根部由下向上分层长出，共分2层，上层为紫红色种球，下层为红薯状果实。雪莲果在pH值5.5～7.5的疏松沙壤土中生长

最佳，喜有机肥和磷、钾肥。其生长期在我国北方需6—7个月，生长期越长产量越高。

3.我国雪莲果的种植情况

雪莲果适应性强，宜于种植。目前，雪莲果已在我国的云南、福建、海南、贵州、湖南、湖北、山东、河南、河北等地引种并栽培成功。新疆维吾尔自治区霍城县2008—2009年间小面积引入雪莲果进行试种并取得了良好的经济效益。2010年在湖南省阳明山地区引进和种植了雪莲果，到目前为止，种植面积已达67公顷，总产值在400万元左右。依赖粤北山区的独特的山区局地小气候和良好的生态环境，当地引进试种雪莲果并取得了良好的经济效益；云南文山地区于2004年首次引入雪莲果，取得了较好的经济效益。2009年在贵州南部低热河谷地区罗甸县对雪莲果进行了连续三年的驯化栽培试验并取得了成功。2007年在南阳市引进雪莲果，并成功地总结出了一套成熟的栽培技术。2004年3月，雪莲果被引种到嵩明县牛栏江镇上马坊村，并创造了良好的经济效益。云南省宁洱县从2006年引种雪莲果成功，现已发展到500多亩，有望成为宁洱县农民增收的支柱产业；昆明市农技中心于2004年主持引进新品种——雪莲果，并在昆明11个水源保护县（市）种植，到2006年已经种植1万亩，总产量达2万吨，产值达5400万元，成为当地农民增收致富的好品种；2008年，重庆创西农业发展有限公司从云南省引进雪莲果种球，在海拔1000米左右的重庆西阳县黑水镇马鹿村试种并获得成功。河南省滑县2006年引进优质雪莲果品种进行栽培与繁育，并制定无公害生产技术进行示范，取得了良好效果。2005年，四川省攀枝花市红格热作场率先在攀西地区进行了雪莲果的引种研究，取得了较好的成效。

二十四、洛神花

1.洛神花的生物学特征

洛神花又称玫瑰茄、洛神葵、洛神果、洛济葵、红桃K，是锦葵科木槿属的物种。洛神花为一年生草本植物或多年生灌木，生长于热带和亚热带地区，最高可有2～2.5米高，茎皮红紫色；单叶，互生，成长后掌状3～5

裂，长8~15厘米长；单生花，淡黄色，花萼杯形五裂，授粉结果后变肉质称作果萼，可制洛神茶、蜜饯、果酱，其外侧另有副萼多枚；蒴果内分5室，共含种子约30粒。

图4-43　洛神花形态

　　洛神花一年生直立草本，高达2米，茎淡紫色，无毛。叶异型，下部的叶卵形，不分裂，上部的叶掌状3深裂，裂片披针形，长2~8厘米，宽5~15毫米，具锯齿，先端钝或渐尖，基部圆形至宽楔形，两面均无毛，主脉3~5条，背面中肋具腺；叶柄长2~8厘米，疏被长柔毛；托叶线形，长约1厘米，疏被长柔毛。花单，生于叶腋，近无梗；小苞片8~12，红色，肉质，披针形，长5~10毫米，宽2~3毫米，疏被长硬毛，近顶端具刺状附属物，基部与萼合生；花萼杯状，淡紫色，直径约1厘米，疏被刺和粗毛，基部1/3处合生，三角状渐尖形，长1~2厘米；花黄色，内面基部深红色，直径6~7厘米。蒴果卵球形，直径约1.5厘米，密被粗毛，种子肾形，无毛。

　　洛神花是一年生或多年生草本植洛神花拥有锯齿状的叶子、猩红色

攀果 *PAN GUO*

的茎和花萼，是一种具有多种经济用途的热带、亚热带经济作物。原产于西非、印度，在南北半球、牙买加、特立尼达、多巴哥以及中美洲的许多领域均有种植，至今已有几百年的种植历史。20世纪20年代传入我国台湾种植，目前，在我国的福建、海南、广西、云南等华南区域广泛栽培。洛神花拥有历史悠久的食、药双重使用价值，植物的花萼、种子、茎和叶子都可利用。其中最有价值的是花萼其花期的鲜品或干品，干花拥有独特的紫红黑亮外观，水泡后的茶剂色泽鲜艳，具有蔓越莓的适宜香气，味酸性寒，口感清凉，具有润肠、清热、止咳等功效，广受人们的喜爱，是非洲和墨西哥大宗消费品明。在攀枝花台办和盐边县政府的大力支持下台湾商人李贤治开始试种洛神花50余亩，在红格红山国际附近种植大概有300亩。

第五章　干　果

一、栗

1.特性特征

栗（英文名：chestnut，拉丁学名：*Castanea mollissima* Bl.），俗名：板栗、魁栗、毛栗、风栗，壳斗科、栗属植物。高达20米的乔木，胸径80厘米，冬芽长约5毫米，小枝灰褐色，托叶长圆形，长10～15毫米，被疏长毛及鳞腺。叶椭圆至长圆形，长11～17厘米，宽稀达7厘米，顶部短至渐尖，基部近截平或圆，或两侧稍向内弯而呈耳垂状，常一侧偏斜而不对称，新生叶的基部常狭楔尖且两侧对称，叶背被星芒状伏贴绒毛或因毛脱落变为几无毛；叶柄长1～2厘米。雄花序长10～20厘米，花序轴被毛；花3～5朵聚生成簇，雌花1～3（～5）朵发育结实，花柱下部被毛，如图5-1、图5-2所示。成熟壳斗的锐刺有长有短，有疏有密，密时全遮蔽壳斗外壁，疏时则外壁可见，壳斗连刺径4.5～6.5厘米；坚果高1.5～3厘米，宽1.8～3.5厘米。花期4—6月，果期8—10月。

图5-1　栗1

图 5-2　栗叶片

除青海、宁夏、新疆、海南等少数省（区）外广布南北各地，在广东止于广州近郊，在广西止于平果县，在云南东南部则越过河口向南至越南沙坝地区。见于平地至海拔2800米山地，仅见栽培。

2.主要价值

栗子是重要的坚果，素有"干果之王"的美称。除富含淀粉外，尚含单糖与双糖、胡萝卜素、硫胺素、核黄素、尼克酸、抗坏血酸、蛋白质、脂肪、无机盐类等营养物质。栗木的心材黄褐色，边材色稍淡，心边材界限不甚分明。纹理直，结构粗，坚硬，耐水湿，属优质材。壳斗及树皮富含没食子类鞣质。叶可作蚕饲料。树根或根皮、叶、总苞、花或花序、外果皮、内果皮、种仁可入药。栗吸附能力强，可有效吸收有害气体，起到保护环境的作用，如图5-3所示。

图 5-3　栗2

二、美国山核桃

1.特性特征

美国山核桃〔英文名：pecan，拉丁学名：*Carya illinoinensis* (Wangenh.) K. Koch〕，俗名：薄壳山核桃、薄皮山核桃、碧根果等，胡桃科、山核桃属植物。大乔木，高可达50米；芽黄褐色。小枝被柔毛。奇数羽状复叶，叶柄及叶轴初被柔毛；小叶具极短的小叶柄，顶端渐尖，边缘具单锯齿或重锯齿，初被腺体及柔毛，后来毛脱落而常在脉上有疏毛。雄性柔荑花序3条1束，长8～14厘米，几乎无总梗。雄蕊的花药有毛。雌性穗状花序直立，具3～10雌花，花序轴密被柔毛，总苞的裂片有毛。果实矩圆状或长椭圆形，长3～5厘米，革质，内果皮平滑，灰褐色；基部不完全2室，具4纵棱，果皮4瓣裂，如图5-4、图5-5、图5-6所示。花期5月，果期9—11月。原产北美洲，中国河北、河南、江苏、浙江、福建、江西、湖南、四川等省有栽培。

图5-4　美国山核桃形态

图 5-5　美国山核桃果实 1

图 5-6　美国山核桃果实 2

2.主要价值

美国山核桃为世界著名的高档干果、油料树种和材果兼用优良树种。坚果壳薄易剥，核仁肥厚，富含脂肪，味香甜，为干果食用及榨油的原料。其树干通直，材质坚实，纹理细致，富有弹性，不易翘裂，为制作家具的优良材料。树体高大，根深叶茂，树姿雄伟壮丽，在适生地区是优良的行道树和庭荫树，还可植作风景林，也适于河流沿岸、湖泊周围及平原地区"四旁"绿化。

三、酸豆

1.特性特征

酸豆（英文名：Tamarind Pulp，拉丁学名：*Tamarindus indica* L.），俗名：罗望子、酸角、酸梅，豆科、酸豆属植物。乔木，高10～15(25)米，胸径30～50(-90)厘米；树皮暗灰色，不规则纵裂。小叶小，长圆形，长1.3～2.8厘米，宽5～9毫米，先端圆钝或微凹，基部圆而偏斜，无毛。总状花序顶生，花黄色或杂以紫红色条纹，少数；总花梗和花梗被黄绿色短柔毛；小苞片2枚，长约1厘米，开花前紧包着花蕾；萼管长约7毫米，檐部裂片披针状长圆形，长约1.2厘米，花后反折；花瓣倒卵形，与萼裂片近等长，边缘波状，皱折；雄蕊长1.2～1.5厘米，近基部被柔毛，花丝分离部分长约7毫米，花药椭圆形，长2.5毫米；子房圆柱形，长约8毫米，微弯，被毛。荚果圆柱状长圆形，肿胀，棕褐色，长5～14厘米，直或弯拱，常不规则地缢缩；种子3～14颗，斜长方形或斜卵圆形，压扁，褐色，有光泽，如图5-7、图5-8、图5-9所示。花期5—8月；果期12月—翌年5月。

1.花枝
2.小叶
3.花
4.果

图 5-7　酸豆1

图 5-8　酸豆 2

图 5-9　酸豆 3

原产于非洲，现各热带地均有栽培。中国台湾，福建，广东，广西，云南南部、中部和北部（金沙江河谷）常见。栽培或逸为野生。

2.主要价值

果肉味酸甜，富含糖、醋酸、酒石酸、蚁酸、柠檬酸等成分，可生食或熟食，也可做调味品、饮料、果酱等；种仁榨取的油可供食用；果实入药，为清凉缓下剂，有驱风和抗坏血病之功效；干粗树冠大，抗风力强，适于海滨地区种植，也是干热河谷植树造林的优选树种；材质重而坚硬，纹理细致，用于建筑，制造农具、车辆和高级家具；叶、花、果实均含有一种酸性物质，与其他含有染料的花混合，可作染料。

澳洲坚果

四、澳洲坚果

澳洲坚果的经济价值最高，素来享有"干果之王"的誉称，具有很高的营养价值和药用价值：果仁营养丰富，其外果皮青绿色，内果皮坚硬，呈褐色，单果重15～16克，含油量70%左右，蛋白质9%，含有人体必需的8种氨基酸，还富含矿物质和维生素。原产于澳大利亚的东南部热带雨林中，现世界热带地区均有栽种。中国云南（西双版纳）、广东、台湾也有栽培。

1.澳洲坚果的特性特征

澳洲坚果，拉丁学名：*Macadamia integrifolia* Maiden & Betche，别名：昆士兰栗、澳洲胡桃、夏威夷果、昆士兰果，属山龙眼科，坚果属植物，常绿乔木，双子叶植物。

树冠高大，叶3～4片轮生，披针形、革质，光滑，边缘有刺状锯齿。总状花序腋生，花米黄色，果圆球形，果皮革质，内果皮坚硬，种仁米黄色至浅棕色，如图5-10所示。适合生长在温和、湿润、风力小的地区。

图 5-10　澳洲坚果

根系分布浅，抗风能力弱，适生气温10℃～30℃，最适宜气温15℃～30℃，低于10℃或超过30℃对坚果生长不利。年降雨量在1000～2000

毫米的地区种植生长，结果较好，降雨量在1000毫米以下或干旱地区种植生长慢，果实变小，发育不良，落果严重。

中国引入澳洲坚果约在1910年，最先引种在台北植物园作为标本树。1931年又从夏威夷引入种子和实生苗500株在嘉义栽种。1940年原岭南大学引种澳洲坚果于广州。经过多年实践，肯定了其生长结果正常，但到1951年仍未作商品性栽种。1979年中国热带农业科学院南亚热带作物研究所开始进行澳洲坚果的引种试种研究。20世纪80年代初，中国粤、桂、琼、滇、黔、川、闽等省区不少单位也开始引入优良品种试种。澳洲坚果从而成为我国南方各省区20年来引种试种最热门的果树之一，局部进行了大规模发展。1990年广西澳洲坚果面积为52公顷。1995年华南7省区澳洲坚果种植面积为200多公顷。1997年云南澳洲坚果面积已达733公顷，2000年发展到约3000公顷。

2.攀枝花澳洲坚果概述

因全年日照充足，昼夜温差大，攀枝花极其适宜坚果种植。1994年，攀枝花市林科所承接林业部、市科委引种澳洲坚果科研项目，取得成功。1997年，四川省农业科学院园艺所与四川众恒实业公司攀枝花分公司共同在攀枝花市仁和区中坝建立了569亩的规模性澳洲坚果试验示范基地，基地引进了11个澳洲坚果品种，定植了14000余株苗木。

近几年仁和区中坝坚果基地新建了提灌站，改人工灌溉为水肥一体化微喷，改化肥为有机肥，翻新200多亩土地，并且经过品种选育、种植改良，坚果产量稳步提高。目前，仁和区中坝乡团山村澳洲坚果种植基地种植了"695""H2""桂热1号""A16""广11"等品种400多亩，产量将达到50多吨。

五、核桃

核桃是胡桃科、胡桃属植物，俗称核桃，是中国经济树种中分布最广的树种之一。全身都是宝，其根、茎、叶、果实都各有用途。核桃仁素有"长寿果"之称，内含有丰富的营养素，对人体有益，是深受老百姓喜爱的坚果类食品之一。核桃树木材坚实，是很好的硬木材料。

1.核桃的特性特征

胡桃（学名：*Juglans regia* L.）是胡桃科、胡桃属植物，俗称核桃。

乔木，高达20～25米；树干较矮，树冠广阔；寿命长达200～300年，一般2—4年为始果期，20—30年为盛果期。树皮幼时灰绿色，老时则灰白色而纵向浅裂，小枝无毛，具光泽，被盾状着生的腺体，灰绿色，后来带褐色。

奇数羽状复叶长25～30厘米，叶柄及叶轴幼时被有极短腺毛及腺体；小叶通常5～9枚，椭圆状卵形至长椭圆形，顶端钝圆或急尖、短渐尖，基部歪斜、近于圆形；侧生小叶具极短的小叶柄或近无柄，生于下端者较小，顶生小叶常具长约3～6厘米的小叶柄。雄性荑荑花序下垂。雄花的苞片、小苞片及花被片均被腺毛；雄蕊6～30枚，花药黄色，无毛。雌性穗状花序通常具1～3(4)雌花。雌花的总苞被极短腺毛，柱头浅绿色。果序短，杞俯垂，具1～3个果实；果实近于球状，无毛；果核稍具皱曲，有2条纵棱，顶端具短尖头；隔膜较薄，内里无空隙；内果皮壁内具不规则的空隙或无空隙而仅具皱曲。花期5月，果期10月。

核桃喜光，耐寒，抗旱、抗病能力强，适应多种土壤生长，喜肥沃湿润的砂质壤土，但对水肥要求不严，常见于山区河谷两旁土层深厚的地方。常分布于中亚、西亚、南亚、欧洲和中国的华北、西北、西南、华中、华南和华东等地。

2.攀枝花核桃概述

20世纪80年代，攀枝花市仁和区务本乡土因其土质和气候的原因，就从新疆引进了以个大、仁饱、皮薄、味香闻名的核桃品种，如图5-11所示，因其果仁饱满，香脆可口，吃后满口留香，令人回味无穷，从而深受消费者的喜爱。不仅发源于云贵的泡核桃，还有一些北方核桃品种（如香玲、鲁光、绿波等）也很适合攀枝花的地理气候条件。

2010年以来，攀枝花市先后出台了《攀枝花市人民政府关于加快推进核桃产业发展的意见》《中共攀枝花市委、攀枝花市人民政府关于进一步加快林业发展的实施意见》《攀枝花市人民政府办公室关于加快发展现代林业产业的意见》《攀枝花市核桃和花椒产业发展实施意见》等文件，积极引导核桃产业发展，大力扶持核桃种植加工企业、专合组织等林业新型经营主体，结合天然林保护工程和退耕还林工程的实施，有力推动攀枝花市核桃产业发展。截至2020年年底，攀枝花市已获得米易县草场乡仙山村、攀莲镇南厂村和盐边县共和乡3个省级核桃森林食品基地认定，全市核桃种植面积已达到50万亩，较2014年的35.5万亩增长了41%，并且总产量已达2.1万吨。

图 5-11 核桃

六、小粒咖啡

学　名：*Coffea arabica* L.
英文名：Coffee
植物学分类：茜草科咖啡属

咖啡树为茜草科咖啡属常绿小乔木或灌木，原产于非洲中北部，现广泛种植于热带、亚热带的广大地区，咖啡果实中的种仁就是咖啡豆，咖啡豆经过烘焙、研磨、冲煮就制成了大名鼎鼎的饮料——咖啡。咖啡、茶、可可，是世界三大饮料。咖啡品种有大粒种咖啡(*C.liberica*)、中粒种咖啡（*C.robusta*）与小粒种咖啡（*Coffffeaarabica* L.）。

小粒种咖啡又称阿拉比卡咖啡，原产地为埃塞俄比亚西南部和苏丹东南部，经过人工引种栽培后，其种植已经遍布全世界的热带地区，是世界主要栽培品种，其咖啡豆产量占全世界产量的80%；世界著名的蓝山咖啡、摩卡咖啡等几乎全是小粒种咖啡。小粒种咖啡的年产量占到全世界总产量的80%，而中粒种咖啡只占到全世界总产量的20%。

　　单位面积的小粒种咖啡树年产量相对较低，但其品质好，且含咖啡因更少，是深受广大咖啡爱好者喜欢的咖啡品种，如图5-12、图5-13所示。

图 5-12　小粒种咖啡 1

图 5-13　小粒种咖啡 2

参考文献

丁哲利，周泽雄，陈丹.芒果种植管理技术［M］.北京：中国农业科学技术出版社，2022.

李发耀，欧国腾，樊卫国.中国刺梨产业发展报告（2020）［M］.北京：社会科学文献出版社，2020.

中国科学院植物研究所.中国高等植物图鉴：第一册［M］.北京：科学出版社，1972.

中国科学院中国植物志编辑委员会.中国植物志［M］.北京：科学出版社，2004.

国家药典委员会.中华人民共和国药典（一部）［M］.北京：中国医药科技出版社，2015.

奥托·威廉·汤姆.奥托手绘彩色植物图谱［M］.北京：北京大学出版社出版，2012.

倪兴武，郑万里.你想知道的台湾水果［M］.福州：福建科学技术出版社，2020.

侯宪文，魏志远.我国主要热带果树施肥管理技术［M］.北京：中国农业科学技术出版社，2019.

龚静染.攀枝花干热河谷中的热带水果王国［J］.中国国家地理，2018，696（10）：51-55

施焕香，肖小平，贾亚洲，等.桑果开发前景广阔［J］.西北园艺，1999，（2）：2-3.

彭婷，李斌斌.四川盆地百香果引种试验探究［J］.四川农业科学，2021（12）：42-44，47.

杨光华，杨小锋，李劲松等.莲雾种质资源分类研究进展［J］.中国南方果树，2013，42（1）：40-42.

钟秋珍，林旗华，张泽煌等.我国杨桃产业发展概况［J］.东南园艺，

2018，6（05）：41-44.

周光洁，袁永勇. 攀西石榴的栽培特点和发展前景［J］. 落叶果树，1994，
（3）：21-22.

起发辉. 番木瓜在攀西地区的发展建议［J］. 广西热带农业，2007，（3）：
13-14.

温波. 浅析攀枝花热作水果发展［J］. 四川农场，2011，（2）：22-23.

仲伟敏. 探知水果之王——猕猴桃［J］. 大众科学，2018，（11）：54-55.

豆成林，黄卉卉，张方佳. 拐枣汁加工工艺优化及质量检测［J］. 饮料工
业，2024，27（1）：45-50.

曹雪娇，王丽丽，文壮，等. "玛瑙红"樱桃果实分级评价研究［J］. 中国
南方果树，2023，52（3）：45-50.

卿昊炜，黎明，易晨歆，等. 荔枝、龙眼育种研究进展［J］. 中国南方果
树，2024，53（3）：1-6，15.

郭慧静，金新文，张有成，等. 冬枣产业现状及保鲜技术研究进展［J］. 安
徽农业科学，2023，51（23）：1-4，8.

詹儒林，王松标，武红霞，等. 芒果栽培与病虫害防治彩色图说［M］. 北
京：中国农业出版社，2023.

李丽. 芒果储藏保鲜加工原理与技术［M］. 中国轻工业出版社，北京：
2023.

高秀丽. 药食同源民族药——刺梨［M］. 北京：科学出版社，2017.

程子贤，郭思琪，姜浩，等. 余甘子种质资源及余甘子叶生物活性研究进展
［J］. 农产品加工，2022，（13）：86-90.

尧美英，刘佳，祝毅娟，等. 特早熟欧洲甜杏"金太阳"在攀枝花引种表现
及栽培技术［J］. 中国南方果树，2016，45（6）：152-153.

杨育林，齐沛森，杨勇智，等. 干热河谷经济树种牛油果生长和水肥需求特
性研究进展［J］. 安徽农学通报，2022，28（10）：47-51.

于文剑，杨丽，张俊环，等. 杏果实风味形成及调控机制研究进展［J］. 果
树学报，2023，40（12）：2624-2637.

刁祥芬，杨晓峰，刘永华. 盐边县北部地区早春西瓜种植技术［J］. 长江蔬
菜，2017，（6）：62-63.

张宏康，林小可，李蔼琪，等. 香蕉加工研究进展［J］. 食品研究与开发，

2017，38（12）：201-206.

李敬阳，王甲水，唐粉玲，等. 香蕉果实营养差异及其对人体膳食摄入量贡献评价［J］. 热带作物学报，2015，36（1）：174-178.

孙健，何雪梅，唐雅园，等. 香蕉加工研究进展［J］. 热带作物学报，2020，41（10）：2022-2033.

李坤明，柯继荣，胡忠荣，等. 云南李属种质资源及地方良种概述［J］. 中国南方果树，2013，42（4）：103-107.

练有扬，王宗宇，郭鑫磊，等. 李属植物的化学成分研究概述［J］. 科学技术创新，2017，（31）：25-26.

李伟业，于华忠. 三叶木通研究进展［J］. 现代农业科技，2021，（1）：70-72.

王玉娟，敖婉初，何小三，等. 中国9个产地的三叶木通果实理化成分比较［J］. 西部林业科学，2016，45（6）：43-48.

吴莹. 八月瓜果实香气的GC-MS分析［J］. 中国酿造，2012，31（6）：169-171.

郑彦歆. 布福娜生物学特性观察与高效栽培技术研究［D］. 福建农林大学，2018.

高渐飞，李苇浩，龙世林，等. 冷饭团果实营养成分与利用价值研究［J］. 中国南方果树，2016，45（5）：84-87.

谢玮，张贤贤，平永良. 黑老虎果实化学成分和生理活性研究进展［J］. 农产品加工，2017，（1）：71-74.

陈家龙，向青云，蔡永强，等. 梨果仙人掌红花品系营养成分分析及评价［J］. 营养学报，2006，（2）：191-192.

李振宇. 我国仙人掌科植物的主要栽培种类［J］. 广西植物，1981，（4）：35-42.

曾洁，王春晓，杨人泽，等. 桑葚花色苷对大鼠心肌保护作用［J］. 中国现代药物应用，2013，7（19）：240-241.

陈杭君. 不同品种桑葚果实成熟衰老特性及其调控机制［D］. 华南农业大学，2019.

黎正，李健，陆庆文. 桑葚高产栽培技术与开发利用探析［J］. 南方农业，2017，11（2）：3-4.

杨荣萍，陈贤，张宏，等. 莲雾研究进展［J］. 中国果菜，2009，（1）：41–43.

刘晓，陈建. 攀枝花市酿酒葡萄基地发展现状分析和几点建议［J］. 中国果业信息，2008，（9）：9–11.

曹若涛. 车厘子栽培与管理探讨［J］. 现代园艺，2017，（9）：60–61.

陈玉梅. 凤梨高产栽培技术［J］. 园林园艺，2021，（10）：151–152.

郑良永，林家丽. 观赏凤梨的主要病虫害及其防治技术［J］. 西南园艺，2016，34（6）：66–67.

刘冬莹. 中国荔枝栽培利用史研究综述［J］. 农业考古，2015，（4）：182–188。

理想想. 药食同源之柿［J］. 食品与健康，2023，35（12）：2–2.

韩智雄. 蛋黄果的栽培技术及发展前景［J］. 福建热作科技，2021，46（2）：29–31.

周婧. 热带优稀水果—蛋黄果［J］. 广西农学报，2020，35（3）：94–94.

张献英，李嘉斌，曾富兰. 嘉宝果栽培与采后管理及加工利用研究进展［J］. 中国果树，2024，（3）：6–12.

王肖肖，李坤峰，权晓康，等. 嘉宝果在我国的引种繁育概况及加工利用［J］. 热带农业科学，2024，44（1）：109–114.

何活祖. 嘉宝果栽植与管理技术［J］. 现代园艺，2023，46（12）：27–29.

洪林. 枇杷属植物种质资源及普通枇杷园艺学研究进展（综述）［J］. 亚热带植物科学，2007，（4）：77–82.

毕淑峰. 安徽省枇杷品种资源综述［J］. 安徽农业，2004，（10）：7–7.

赵俊侠，齐康学. 关中地区温室油桃标准化栽培技术研究［J］. 湖北农业科学，2012，51（14）：3012–3014，3017.

方凌，张其安，董言香，等. 樱桃番茄新品种圣果的选育［J］. 中国蔬菜，2002，（4）：27–29.

刘帅，邓洁红，敬小波，等. 雪莲果新品种选育的研究［J］. 食品工业科技，2014，35（21）：346–350.

汪琢，高杉，王虹玲，等. 洛神花作物加工研究［J］. 食品工业，2018，39（12）：77–80.

李所清. 攀枝花干热河谷地带火龙果栽培技术［J］. 四川农业科技，2017，

（2）：12-14.

孙清明，谢玉明. 火龙果种质资源图鉴［M］. 广州：广东科技出版社，2023.

金尉. 水果皇后—山竹［J］. 中国检验检疫，2013，（2）：62-62.

孙俊秀. 果中皇后—山竹［J］. 四川烹饪高等专科学校学报，2004，（1）：18-18.

攀枝花日报. 波西村："酸酸甜甜"奔小康［N］. www.panzhihua.gov.cn. 2020-06-11.

鲁晔. 杨梅种植过程中提高产量和质量的方法研究［J］. 农村实用技术，2022，（3）：87-88.

吴其敏. 杨梅种植技术管理要点［J］. 中国农业信息，2017，（9）：76-77.

张春秀. 南方无花果栽培技术［J］. 现代园艺，2015，（6）：36-36.

蒙永绵，罗祖远. 大青枣高产优质栽培及病虫防治技术［J］. 农业与技术，2015，35（4）：131-131.